Stefanie Arndt

Einfluss einer Aufstehhilfe in Form einer Kopf- und Schweifstrickanbindung auf die Dauer und die Qualität der Aufstehphase bei Pferden nach Allgemeinanästhesie

Cuvillier Verlag Göttingen
Internationaler wissenschaftlicher Fachverlag

Bibliografische Information der Deutschen Nationalbibliothek

Die Deutsche Nationalbibliothek verzeichnet diese Publikation in der Deutschen Nationalbibliografie; detaillierte bibliografische Daten sind im Internet über http://dnb.d-nb.de abrufbar.

1. Aufl. - Göttingen : Cuvillier, 2017

Zugl.: Hannover (TiHo), Univ., Diss., 2017

Nonnenstieg 8, 37075 Göttingen

Telefon: 0551-54724-0

Telefax: 0551-54724-21

www.cuvillier.de

1. Auflage, 2017

Gedruckt auf umweltfreundlichem, säurefreiem Papier aus nachhaltiger Forstwirtschaft.

ISBN 978-3-7369-9580-2

eISBN 978-3-7369-8580-3

Tierärztliche Hochschule Hannover

Einfluss einer Aufstehhilfe in Form einer Kopf- und Schweifstrickanbindung auf die Dauer und die Qualität der Aufstehphase bei Pferden nach Allgemeinanästhesie

INAUGURAL – DISSERTATION
zur Erlangung des Grades einer

Doktorin der Veterinärmedizin
- Doctor medicinae veterinariae -
(Dr. med. vet.)

vorgelegt von
Stefanie Arndt
Hildesheim

Hannover 2017

Wissenschaftliche Betreuung: Prof. Dr. Sabine Kästner
Klinik für Kleintiere

Dr. Klaus Hopster
Klinik für Pferde

1. Gutachter: Prof. Dr. Sabine Kästner

2. Gutachter: PD Dr. Maike Heppelmann

Tag der mündlichen Prüfung: 03.07.2017

Teile dieser Dissertation wurden im Rahmen eines Vortrages auf dem Frühjahrskongress 2017 der Association of Veterinary Anaesthetists in Manchester, Großbritannien, veröffentlicht.

Meinen Eltern und meinem Bruder Steffen

Inhaltsverzeichnis

1 Einleitung 11

2 Literaturübersicht 13

2.1 Die Aufstehphase beeinflussende Faktoren 13

2.1.1 Alter, Geschlecht, Rasse, Temperament 13

2.1.2 Lerneffekt 15

2.1.3 Gewicht 15

2.1.4 Allgemeinbefinden 16

2.1.5 Auswirkungen der Allgemeinanästhesie auf die Aufwachphase 16

2.1.5.1 Medikamente 16

2.1.5.1.1 Acepromazin 16

2.1.5.1.2 α2-Adrenozeptor-Agonisten 17

2.1.5.1.3 Ketamin 18

2.1.5.1.4 Guaifenesin 18

2.1.5.1.5 Opioide 19

2.1.5.1.6 Dobutamin 20

2.1.5.1.7 Isofluran 21

2.1.5.2 Dauer der Anästhesie 22

2.1.5.3 Komplikationen während der Anästhesie 22

2.1.6 Art des chirurgischen Eingriffs 23

2.1.7 Zeitpunkt des Eingriffs 24

2.1.8 Lagerung 24

2.1.9 Aufwachbox 25

2.1.10 Vorbereitung des Pferdes auf die Aufwachphase 26

2.1.11 Postanästhetische Sedation 26

2.2 Die Aufstehphase 28

2.3 Komplikationen/Zwischenfälle während der Aufstehphase 29

2.3.1 Herzversagen 29

2.3.2 Verletzungen, Frakturen, Luxationen 29

2.3.3 Postanästhetsiche Myopathie, postanästhetische Lahmheit 30

2.3.4 Neuropathien 31

2.3.5 Postanästhetische Myelopathie 32

2.3.6 Laryngotracheales Trauma, Obstruktion, postoperatives Lungenödem 33

2.4 Methoden zur Unterstützung der Aufstehphase 35

2.4.1 Manuelle Aufstehhilfe in der Aufwachbox ... 36
2.4.2 Kopf- und Schweifstrickanbindung ... 36
2.4.3 Aufhängesysteme (Geschirre) ... 39
2.4.3.1 Anderson Sling ... 40
2.4.3.2 Fixationssystem nach LIECHTI et al. (2003) ... 41
2.4.3.3 Tier-Bergungs- und Transportnetz (TBTN) ... 41
2.4.4 Kipptisch ... 42
2.4.5 Pool-Floß System ... 43
2.4.6 Hydro-Pool System ... 44
2.4.7 Luftkissen ... 45
2.5 Beurteilung der Qualität der Aufstehphase ... 46
3 Material und Methode ... 49
3.1 Patientenauswahl ... 49
3.2 Gruppeneinteilung der Patienten ... 49
3.3 Versuchsaufbau ... 50
3.3.1 Narkosevoruntersuchung und Beurteilung des Charakters ... 50
3.3.2 Gewichtsbestimmung ... 51
3.3.3 Medikation/Sedation ... 51
3.3.4 Venenverweilkatheter ... 52
3.3.5 Prämedikation ... 53
3.3.6 Lagerung der Patienten ... 53
3.3.7 Erhaltung der Narkose, begleitende Maßnahmen ... 54
3.3.8 Narkoseüberwachung ... 54
3.3.9 Aufwachbox ... 55
3.3.10 Überwachung des Patienten nach Extubation ... 55
3.3.11 Die Aufstehhilfe ... 59
3.3.12 Untersuchung post operationem ... 63
3.4 Statistik ... 63
4 Ergebnisse ... 65
4.1 Das Probandengut ... 65
4.2 Narkosevorbereitungen ... 67
4.2.1 Charakter ... 67
4.2.2 Gewichtsbestimmung nach CARROLL und HUNTINGTON (1988) ... 68
4.3 Messungen ... 70

4.3.1 Bolusapplikation während der Anästhesie ... 70
4.3.2 Anästhesiedauer ... 70
4.3.3 Zeitpunkt der ersten Aktivität ... 71
4.3.4 Erreichen der Sternallage ... 72
4.3.5 Dauer der Sternalphase ... 73
4.3.6 Erster Aufstehversuch ... 74
4.3.7 Anzahl der Aufstehversuche ... 76
4.3.8 Erreichen des sicheren Standes ... 83
4.3.9 Qualität der Aufstehphase ... 87
4.3.10 Abnahme von Kopf- und Schweifstrick ... 90
4.3.11 Besonderheiten während der Aufstehphase ... 90
4.3.12 Verletzungen ... 92
4.3.13 Morbiditäts- und Mortalitätsrate ... 95
5 Diskussion ... 96
5.1 Diskussion der Methode ... 96
5.1.1 Patientenauswahl und –einteilung ... 96
5.1.2 Narkoseführung und postanästhetische Sedation ... 97
5.1.3 Messverfahren ... 98
5.1.4 Kopf- und Schweifstrickanbindung ... 99
5.1.5 Monitoring der Aufwach- und Aufstehphase ... 101
5.2 Diskussion der Ergebnisse ... 104
5.2.1 Zeitpunkt der ersten Aktivität und Erreichen der Sternallage ... 104
5.2.2 Dauer der Sternalphase ... 105
5.2.3 Erster Aufstehversuch nach Narkoseende ... 106
5.2.4 Anzahl der Aufstehversuche ... 107
5.2.5 Erreichen des sicheren Standes nach Narkoseende ... 109
5.2.6 Aufstehqualität ... 112
5.2.7 Besonderheiten während der Aufstehphase und Verletzungen ... 114
5.2.8 Morbiditäts- und Mortalitätsrate ... 116
5.3 Fazit und Ausblick ... 117
6 Zusammenfassung ... 119
7 Summary ... 121
8 Literaturverzeichnis ... 123
9 Anhang ... 139

Abkürzungsverzeichnis

A	mit Aufstehhilfe
Aa.	Arteriae
Abb.	Abbildung
ACVAA	American College of Veterinary Anesthesia and Analgesia
ASA	American Society of Anesthesiologists
ca.	circa
cm	Zentimeter
CEPEF	Confidential enquiry into perioperative equine fatalities
ECVAA	European College of Veterinary Anesthesia and Analgesia
J	Jahre
Kap.	Kapitel
kg	Kilogramm
l	Liter
m	Meter
M.	Musculus
Min	Minute
mg	Milligramm
ml	Milliliter
mm	Millimeter
mmHg	Millimeter Quecksilbersäule
N.	Nervus
O	ohne Aufstehhilfe
O_2	Sauerstoff
OP	Operationsgruppe
OP 1	Arthros- u. Tendivaginoskopien/Fesselringband-Desmotomien
OP 2	Kastrationen/Kryptorchidektomien/Samenstrangfistelektomien
OP 3	Griffelbein-Amputationen und sonstige orthopädische Eingriffe
OP 4	Operationen am Kopf (Vitrektomien etc.)
p	Fehlerwahrscheinlichkeit
P/K	Pony/Kleinpferd
RQS	Recovery Quality Scale
SD	Standardabweichung
SR	sonstige Rassen
t	Zeit
Tab.	Tabelle
T	Traber
u.	und
USA	United States of America
V.	Vena
WB	Warmblutpferd

Sonderzeichen:

α	alpha
β	beta
κ	kappa
μ	mü
μg	Mikrogramm
%	Prozent
≥	größer gleich
>	größer als
<	kleiner als
±	plusminus
€	Euro

1 Einleitung

Während sich das Anästhesiemanagement bei Pferden in den letzten Jahrzehnten verbessert hat und in einigen Kliniken bereits standardisiert ist, scheint das Management der Aufstehphase noch weit davon entfernt. Verschiedene internationale Umfragen, die sich mit dem Management der Aufstehphase beschäftigt haben, bestätigen diesen Eindruck und konnten zeigen, dass das Thema kontrovers diskutiert wird (KÄSTNER 2010; WOHLFENDER et al. 2015). Dabei ist die Aufstehphase, die Phase, die häufig über das chirurgische Ergebnis entscheidet.

Anästhesiebezogene Probleme treten in circa 1,4 % aller Fälle auf, wie eine retrospektive Auswertung von 1314 Anästhesien von Pferden zeigen konnte (YOUNG u. TAYLOR 1993). In der Literatur werden Mortalitätsraten im Zusammenhang mit der Anästhesie von 1,6 %-1,9 % für alle Eingriffe insgesamt (JOHNSTON et al. 2002; VOULGARIS u. HOFMEISTER 2009), von 0,9 % für elektive Eingriffe (JOHNSTON et al. 2002; DUGDALE et al. 2016) und von 1,6 % für Kolikoperationen (DUGDALE et al. 2016), aufgeführt. Wie eine große demographische Studie feststellen konnte, kam es in 23 % der perioperativen Todesfälle zu Frakturen während der Aufstehphase (JOHNSTON et al. 2002). Aber auch das Auftreten von zahlreichen während der Aufstehphase entstandenen Verletzungen wie Prellungen und Hämatome, Schürfwunden, Risswunden und offene Wunden ist beschrieben (WAGNER 2008; CZUPALLA 2012). Bei Betrachtung der aufgeführten Studien wird deutlich, dass die Aufstehphase einen sehr kritischen Teil in der Anästhesie von Pferden darstellt, der durch den ausgeprägten Fluchtinstinkt und die große Körpermasse bedingt ist.

Die Optimierung der Aufstehphase lag und liegt im Forschungsinteresse verschiedener Arbeitsgruppen (MATTHEWS et al. 1998; DONALDSON et al. 2000; SANTOS et al. 2003; CLARK-PRICE et al. 2008; LEECE et al. 2008; WAGNER et al. 2008; WOODHOUSE et al. 2013; WAKUNO et al. 2017). In der Vergangenheit wurde in einigen Studien der Einfluss unterschiedlicher Aufstehhilfetechniken auf die Aufstehphase untersucht (SULLIVAN et al. 2002; TIDWELL et al. 2002; TAYLOR et al. 2005; RAY-MILLER et al. 2006; ELMAS et al. 2007; WILDERJANS 2008; HUBER 2009; RÜEGG et al. 2016). Dabei handelt es sich hauptsächlich um retrospektive Studien, die zudem keinen direkten Vergleich zwischen freiem Aufstehen und einer Aufstehhilfe hergestellt haben.

Die deutlich niedrigere Mortalitätsrate von 0,12 % in der retrospektiven Studie von BIDWELL et al. (2007), die die Autoren selbst unter anderem mit der Verwendung einer Kopf- und Schweifstrickanbindung in Zusammenhang bringen, zeigt, dass es sich lohnt in die Optimierung der Aufstehphase zu investieren.
Die Verwendung der Kopf- und Schweifstrickanbindung wurde in der Vergangenheit bereits von verschiedenen Autoren propagiert (SALVADOR DEL CASTILLO u. MATTHEWS 2005; WILDERJANS 2008) und ist laut Umfragen die häufigste angewandte Form der Aufstehhilfe (KÄSTNER 2010; SCHRIMPF et al. 2011). Genaue Untersuchungen dazu sind allerdings nicht bekannt.

Deshalb soll in dieser prospektiven Studie der Einfluss einer Kopf- und Schweifstrickanbindung auf die Aufstehphase nach Allgemeinanästhesien untersucht werden.
Die Hypothese war, dass eine Aufstehhilfe in Form einer Kopf- und Schweifstrickanbindung die Anzahl der Aufstehversuche reduziert, die Aufstehdauer verkürzt, die Qualität der Aufstehphase verbessert und die Gefahr von assoziierten Verletzungen im Vergleich zum freien Aufstehen reduziert.

2 Literaturübersicht

2.1 Die Aufstehphase beeinflussende Faktoren

YOUNG und TAYLOR (1993) konnten einen Zusammenhang zwischen einer besseren Aufstehqualität und einem in der Norm liegenden Puls während der Induktion, einer kürzeren Anästhesiedauer und Werten im oberen Normbereich für die Herzfrequenz und Atemfrequenz während der Anästhesie sehen. Weiter berichten dieselben Autoren von einem Zusammenhang zwischen einer besseren Aufstehqualität und wenig invasiven Eingriffen sowie einer längeren Zeitspanne bis zum Erreichen des sicheren Standes. Dies sind jedoch nicht alle die Aufstehphase beeinflussende Faktoren. Im Folgenden werden die in der Literatur beschriebenen Faktoren, die die Aufwachphase beeinflussen können, dargestellt

2.1.1 Alter, Geschlecht, Rasse, Temperament

Das Alter ist ein entscheidender Faktor für das perioperative Mortalitätsrisiko von Pferden. So konnte eine multizentrische Studie, die die perioperative Mortalitätsrate von insgesamt 41824 Fällen in 129 Kliniken über sechs Jahre dokumentiert hat (Confidential Enquiry into Perioperative Equine Fatalities 1 and 2 (CEPEF 1 und 2)) zeigen, dass mit dem Alter die perioperative Todesrate bei Pferden innerhalb eines Zeitraums bis zu sieben Tagen post operationem ansteigt (JOHNSTON et al. 2002). Auch konnte in dieser Studie sowie in weiteren Studien gesehen werden, dass Fohlen unter einer Woche, zwischen einer Woche bis zu einem Monat und Pferde über zwölf Jahre ein gesteigertes Mortalitätsrisiko im Vergleich zu der Altersklasse zwischen zwei und vier Jahren haben (JOHNSTON et al. 1995; JOHNSTON et al. 2002; JOHNSTON et al. 2004). Das größte perioperative Mortalitätsrisiko wird in der Literatur mit vierzehn Jahren angegeben (JOHNSTON et al. 2002). DUGDALE et al. (2016), die retrospektiv 1416 Anästhesien und Aufstehphasen analysiert haben, berichten davon, dass alle Pferde, die eine Fraktur oder eine Gelenksdislokation während der Aufstehphase entwickelt haben, vierzehn Jahre alt oder älter waren. Dabei hatten zwölf bis vierzehn Jahre alte Pferde ein doppelt so hohes Mortalitätsrisiko wie Pferde in den Altersgruppen von null bis elf Jahren, was sich um das Dreifache bei Pferden zwischen fünfzehn und dreißig Jahren im Vergleich zu der Altersgruppe zwischen null und elf Jahren erhöhte (DUGDALE et al. 2016).

Es ist beschrieben, dass das Vorkommen von Osteoporose im Alter das Risiko von Frakturen während der Aufstehphase erhöhen kann (JOHNSTON et al. 2002). Zudem wird das Auftreten von Tibiafrakturen gehäuft bei multiparen Stuten beschrieben (JOHNSTON et al. 2002; BIDWELL et al. 2007). Dies wird auf eine durch die Trächtigkeit und Laktation negativ beeinflusste Knochendichte bis zu vierzig Wochen nach dem Abfohlen zurückgeführt (GLADE 1993). Auf die Zeit bis zum Erreichen des sicheren Standes nach Isofluorananästhesie spielen die Faktoren Alter und Geschlecht keine Rolle (VOULGARIS u. HOFMEISTER 2009). In einer, zuvor bereits genannten, retrospektiven Studie, die sich mit der anästhesiebezogenen Mortalitätsrate bei elektiven Eingriffen und Notfällen (Kolikern/Nicht-Kolikern) beschäftigt hat und die verschiedenen pferde- und anästhesiebezogenen Faktoren, die Einfluss auf die Aufwachphase besitzen, ermittelt hat, wird deutlich, dass das Geschlecht keinen Einfluss auf das Mortalitätsrisiko besitzt, aber Einfluss auf die Aufstehqualität hat (DUGDALE et al. 2016).
Verschiedene Studien haben gezeigt, dass es keinen wesentlichen Unterschied zwischen verschiedenen Rassen bezüglich des Mortalitätsrisikos gibt (JOHNSTON et al. 1995; JOHNSTON et al. 2002; BIDWELL et al. 2007; DUGDALE et al. 2016). Da aber die Rasse eng mit dem Körpergewicht korreliert, hat die Rasse indirekt einen Einfluss auf die Aufstehqualität (DUGDALE et al. 2016). So zeigen Miniaturpferde nachweislich bessere Aufstehphasen (DUGDALE et al. 2016). Araber hatten im Vergleich zu anderen Rassen vermehrt schlechte Aufstehphasen (WOODHOUSE et al. 2013). Und auch eine retrospektive Studie zum Anästhesiemanagement von Kaltblutpferden lässt vermuten, dass die Rasse einen Einfluss auf die Aufstehphase hat (GLEED u. SHORT 1980).
Das Angstverhalten des Pferdes und sein Fluchtinstinkt veranlassen es zu verfrühten Aufstehversuchen in der Aufwachphase, bevor Muskelkoordination und Propriozeption vollständig zurückgekehrt sind (WILDERJANS 2008). Als Folge der Inkoordination sind selbstinduzierte Verletzungen beschrieben (WILDERJANS 2008). Eine Studie, die sich mit dem Verhalten nach Isofluorananästhesien beschäftigt hat, konnte zeigen, dass das Temperament des Pferdes vor der Allgemeinanästhesie keinen Einfluss auf den Zeitpunkt der Bewegung von Augen, Ohren, Kopf und Gliedmaßen, aber auf den Zeitpunkt an dem der Kopf angehoben wird, hat (WHITEHAIR et al. 1993). Die Autoren fanden außerdem heraus, dass bei Erreichen

einer endexspiratorischen Konzentration von Isofluran von unter 0,2 oder wenn das Pferd wach war nur das Temperament einen Einfluss auf die Qualität der Aufwachphase, auf den Zeitpunkt der Extubation, den Zeitpunkt des ersten Aufstehversuchs und den Zeitpunkt des Erreichens des sicheren Standes hatte. Auch andere Autoren sind der Meinung, dass das Temperament des Pferdes die Qualität und die Dauer der Aufwachphase beeinflusst (MATTHEWS et al. 1998; MUIR u. HUBBELL 2009). Während DONALDSON et al. (2000) keinen Zusammenhang zwischen einer schlechten Aufstehphase und dem Temperament der Pferde sehen konnten, hat eine andere Studie gezeigt, dass das Temperament der Pferde mit der Aufstehqualität korreliert (LEECE et al. 2008). Laut HUBBELL (2005) haben Pferde, die besser trainiert und „gelassen" sind, bessere Aufwachphasen.

2.1.2 Lerneffekt

Es besteht der Eindruck, dass Pferde das Aufstehen erlernen, nachdem sie öfter einer Allgemeinanästhesie unterzogen wurden (MATTHEWS et al. 1998). In einer prospektiven Studie, in der die Pferde jeweils dreimal innerhalb von sieben Tagen in Anästhesie gelegt wurden, konnte beobachtet werden, dass die Aufstehqualität nach der dritten Anästhesie verbessert war (VALVERDE et al. 2013). Auch hier vermuten die Autoren, dass die Pferde aus den Erfahrungen der Aufwachphasen zuvor lernten.

2.1.3 Gewicht

Laut DUGDALE et al. (2016) besteht ein enger Zusammenhang zwischen einem höheren Körpergewicht und einer schlechteren Aufwachphase. Eine Studie, die an 633 Pferden das Auftreten von postanästhetischen Myopathien nach Magnetresonanztomographien untersucht hat, konnte zeigen, dass bei einem hohen Körpergewicht das Risiko der Entwicklung eines postanästhetischen Myopathie- und/oder eines Neuropathiesyndroms besteht, was in 1,73 % der Fälle einen tödlichen Ausgang nahm (FRANCI et al. 2006). Nervenparalysen, sowohl des *N. radialis* als auch des *N. femoralis* konnten bevorzugt bei großen, schweren, stark bemuskelten Pferden beobachtet werden (HUBBELL 2005).

2.1.4 Allgemeinbefinden

Ein schlechtes Allgemeinbefinden vor dem chirurgischen Eingriff sowie eine intraoperative Hypotonie wirken sich negativ auf die Aufstehphase aus (CZUPALLA 2012). Auch andere Autoren konnten sehen, dass Pferde, die vor der Operation nach dem Schema der American Society of Anaesthesiologists (ASA) dem Grad 3 oder 4 zugeteilt wurden, vermehrt eine schlechtere Aufstehphase hatten (DUGDALE et al. 2016). Die Autoren geben an, dass die Mortalitätswahrscheinlichkeit bei jedem ASA-Grad um das 2,85-fache steigt.

2.1.5 Auswirkungen der Allgemeinanästhesie auf die Aufwachphase

VOULGARIS und HOFMEISTER (2009) nennen die Anästhesiedauer, Hypothermie und intraoperative Hypotension als Einflussfaktoren auf die Zeit bis zum sicheren Stand. Allerdings halten sie diese nur in unter 23 % der Fälle für die unterschiedlichen Aufstehzeiten verantwortlich. Dies lässt vermuten, dass zusätzlich zahlreiche andere, die Anästhesie betreffende, Faktoren, die Aufwachphase beeinflussen.

2.1.5.1 Medikamente

Die Wahl der Medikamente für Prämedikation, Induktion, Aufrechterhaltung der Anästhesie und die postanästhetische Sedation haben einen unterschiedlich starken Einfluss auf die Aufstehphase beim Pferd.

2.1.5.1.1 Acepromazin

Acepromazin gehört zur Gruppe der Neuroleptika und ist ein in der Veterinärmedizin populärer Gruppenvertreter der Phenothiazinderivate. Über die Blockade von Dopaminrezeptoren hat es eine antipsychotische, eine antiemetische und eine kataleptische Wirkung (LÖSCHER et al. 2014). Mit Hilfe einer Dopplersonographie konnte in einer Studie an Pferden eine Vasodilatation, die auf eine Blockade von α1-Adrenozeptoren zurückzuführen ist, festgestellt werden (WALKER u. GEISER 1986). Die Vasodilatation kann vor allem bei der gleichzeitigen Verwendung von α2-Adrenozeptor-Agonisten zu einer verbesserten Perfusion der Muskulatur beitragen. JOHNSTON et al. (2002) konnten sehen, dass die Verwendung von Acepromazin in der Prämedikation die perioperative Mortalitätsrate beim Pferd senkt. Als mögliche Gründe nennen die Autoren die Herabsetzung der Sensitivität des Myokards für Catecholamine, was das Auftreten von ventrikulären Arrythmien mindert und das Senken der Nachlast, was dazu führt, dass das Myokard weniger anfällig für Hypoxie und verminderte Perfusion ist (JOHNSTON et al. 2002).

2.1.5.1.2 α2-Adrenozeptor-Agonisten

Für das Pferd zugelassene α2-Adrenozeptor-Agonisten sind das Xylazin, das Detomidin und das Romifidin, welche sich hauptsächlich in ihrer Wirkdauer unterscheiden (ENGLAND et al. 1992). Sie wirken über die α2-Rezeptoren im Rückenmark und Gehirn analgetisch und sedativ/hypnotisch (LÖSCHER et al. 2014). Nebenwirkungen von α2-Adrenozeptor-Agonisten, wie zum Beispiel Ataxien, limitieren den Gebrauch dieser Medikamente als Analgetika (VALVERDE 2010).
Die sedative Wirkung von α2-Adrenozeptor-Agonisten wird im Rahmen der Prämedikation genutzt, um ein sicheres Ablegen des Patienten zu gewährleisten (SCHATZMANN 1995). Darüber hinaus finden sie Einsatz in der balancierten Anästhesie, wo ihr anästhetikasparender Effekt in verschiedenen Studien nachgewiesen werden konnte (STEFFEY et al. 2000; STEFFEY u. PASCOE 2002; PÖPPEL et al. 2015). Eine aktuelle Umfrage hat ergeben, dass alle Befragten aus Nordamerika und 90,1 % der Befragten aus Europa Xylazin zur Sedation und Prämedikation einsetzen (WOHLFENDER et al. 2015). Abgesehen davon konnte ein postitiver Effekt von Romifidin in der Dosierung 0,06-0,1 mg/100 kg KGW gegenüber der Verwendung von Xylazin in der Dosierung 1-1,3 mg/100 kg KGW im Zuge der Prämedikation auf das Aufstehverhalten gezeigt werden (JAUGSTETTER et al. 2002). Grund hierfür ist die unterschiedlich lange Wirkdauer der Medikamente. Da Detomidin und Romifidin länger als Xylazin wirken, haben sie, auch wenn sie nur im Rahmen der Prämedikation verwendet werden, einen Einfluss auf die Aufstehphase. Dies erklärt, dass bei einer Prämedikation mit Romifidin ohne postanästhetische Sedation bei einer mittleren Narkosedauer von 85 Minuten keine negativen Effekte auf die Aufstehphase beobachtet werden konnten (BIENERT et al. 2003). Wohingegen die Autoren bei einer Prämedikation mit Xylazin, aufgrund seiner kürzeren Wirkdauer, eine postanästhetische Sedation empfehlen.

2.1.5.1.3 Ketamin

Ketamin ist ein dissoziatives Anästhetikum und wirkt über die Blockade von Glutamatrezeptoren vom NMDA-Typ (LÖSCHER et al. 2014). Seine kataleptische, anästhetische und stark analgetische Wirkung ist in Studien beschrieben (HAAS u. HARPER 1992; KOHRS u. DURIEUX 1998). Der größte Vorteil von Ketamin ist eine geringe atem- und kreislaufdepressive Wirkung (LÖSCHER et al. 2014). Da es bei der alleinigen Gabe von Ketamin zu starken Erregungserscheinungen und stark erhaltenem beziehungsweise erhöhten Muskeltonus kommt (SPADAVECCHIA et al. 2002), ist zuvor die Verabreichung von muskelrelaxierenden und sedativen Medikamenten für eine ausreichende Sedationstiefe und koordinierte Anästhesieinduktion notwendig (MUIR et al. 1977). Bei der Verwendung von Ketamin als Dauerinfusion konnte ein isofluransparender Effekt nachgewiesen werden (PÖPPEL et al. 2015). SPADAVECCHIA et al. (2002) empfehlen die Dauerinfusion mit Ketamin spätestens zwanzig Minuten vor Anästhesieende auszustellen um Exzitationen während der Aufstehphase zu vermeiden. Eine Verkürzung der Aufstehphase um 28,6 Minuten nach intraoperativer Gabe von Ketamin im Vergleich zum Ausbleiben einer intraoperativen Gabe ist beschrieben (VOULGARIS u. HOFMEISTER 2009). Die Autoren nennen als möglichen Grund eine flache Anästhesietiefe, die eine intraoperative Gabe von Ketamin notwendig machte. Sie nehmen an, dass die geringere Isofluranaufnahme ursächlich für das frühere Erreichen des sicheren Standes war.

2.1.5.1.4 Guaifenesin

Guaifenesin ist ein zentrales Muskelrelaxans, was Interneurone in Hirnstamm und Rückenmark blockiert und dadurch polysynaptische Reflexbögen unterbricht (LÖSCHER et al. 2014). Die Folge ist eine Abnahme des Muskeltonus durch eine Abnahme des Dehnungsreflexes (LÖSCHER et al. 2014).
Guaifenesin ist erhältlich in 5%iger, 10%iger und 15%iger Lösung. Mit steigender Konzentration konnte ein gesteigertes Thrombose- oder Thrombophlebitisrisiko beobachtet werden (HERSCHL et al. 1992). Eine Studie, die den hämolytischen Effekt von höheren Konzentrationen an Guaifenesin untersucht hat, konnte zeigen, dass eine 10%ige Lösung nicht zur Hämolyse führt und gut für die Anästhesie von Pferden verwendbar ist (GRANDY u. MCDONELL 1980). Auch 15%ige Lösungen

sind in der Literatur beschrieben. Höhere Konzentrationen können allerdings zur Hämolyse führen und die Intima der Vene schädigen (TAYLOR u. CLARKE 2007). Guaifenesin gleicht durch seine muskelrelaxierende Wirkung die katatonische Wirkung des Ketamins aus und reduziert damit das Risiko von ketamininduzierten Exzitationen während der Aufstehphase (SPADAVECCHIA et al. 2002). Eine Verlängerung der Aufwachphase durch Guaifenesin ist besonders nach kurzen Anästhesien beschrieben (WILDERJANS 2008). Guaifenesin hat kummulierende Eigenschaften, weshalb Dosierungen über 100 mg/kg zu ataktischen und verlängerten Aufstehphasen führen können (CLARKE 2014a). In Kombination mit Xylazin und Ketamin, vereint als Triple Drip-Infusion, sind qualitativ gute Aufstehphasen beschrieben (YOUNG et al. 1993).

2.1.5.1.5 Opioide

Opioide werden bereits seit über 70 Jahren zum Schmerzmanagement in der Pferdemedizin verwendet (BENNETT u. STEFFEY 2002). In der Literatur wird von einem, durch opioidassoziierte Nebenwirkungen wie das Drangwandern und Exzitationen, für das Pferd eingeschränkten Gebrauch berichtet (BENNETT u. STEFFEY 2002). Beim Gebrauch von Morphin ist das vermehrte Auftreten von Obstipationen beschrieben (SENIOR et al. 2004). Eine effektive Analgesie sollte schon während der Prämedikation erfolgen, um einen ausreichenden Wirkstoffspiegel zum Zeitpunkt der Aufwachphase zu erreichen, da beschrieben ist, dass Schmerz das Pferd zu verfrühten Aufstehversuchen veranlassen kann (WILDERJANS 2008).

Morphin bindet als voller Agonist an µ-Rezeptoren und hat eine analgetische Wirkung auf kutanen und viszeralen Schmerz (KALPRAVIDH et al. 1984). Nach Verabreichung von Morphin in einer hohen Dosierung von 2,0 mg/kg KGW konnte eine Verschlechterung der Aufstehqualität beobachtet werden (STEFFEY et al. 2003). In Dosierungen von 0,15 mg/kg KGW oder 0,3 mg/kg KGW als initialer Bolus mit anschließender Dauertropfinfusion von Morphin in der Dosierung von 0,1 mg/kg/h oder 0,3 mg/kg/h konnten keine Auswirkungen auf die Qualität der Aufstehphase gesehen werden (CHESNEL u. CLUTTON 2013). Auch der Zeitpunkt der Gabe von Morphin hat keinen Einfluss. Weder durch die prä- noch durch die postoperative Gabe von Morphin konnte ein Einfluss auf die Aufstehqualität beobachtet werden (CONDE RUIZ et al. 2015). Unabhängig von der Dosis verkürzte sich allerdings die

Zeitspanne von der ersten Bewegung bis zum sicheren Stand (CHESNEL u. CLUTTON 2013).

Butorphanol, ein κ-Rezeptor-Agonist und μ-Rezeptor-Antagonist, zeigte in der Dosierung von 0,22 mg/kg KGW eine gute Wirkung auf viszeralen Schmerz (KALPRAVIDH et al. 1984). In der Dosierung von 0,05 mg/kg KGW konnte im Vergleich zu Morphin in der Dosierung von 0,02 mg/kg KGW oder 0,05 mg/kg KGW und einem Placebo kein Unterschied in der Aufstehqualität gesehen werden (NOLAN et al. 1991). Auch war weder durch die prä- noch durch die intraoperative Gabe von Butorphanol in der Dosierung von 0,02 mg/kg KGW ein Einfluss auf die Zeit bis zum Erreichen des sicheren Standes zu verzeichnen (VOULGARIS u. HOFMEISTER 2009). Allerdings konnten mehr Aufstehversuche nach der Prämedikation mit Butorphanol in der Dosierung von 0,5-1,0 mg/kg KGW als nach der Prämedikation mit Levomethadon in der Dosierung 0,05-0,075 mg/kg KGW beobachtet werden (SCHER 2013).

Levomethadon bindet vorwiegend am μ-Rezeptor (KRISTENSEN et al. 1995). SCHER (2013) konnte sehen, dass die Pferde nach prämedikativer Levomethadongabe nach Eingriffen mit einer mittleren Anästhesiedauer von 41 Minuten während der Aufstehphase vermehrtes „Rudern“ in Seitenlage zeigten, aber weniger Aufstehversuche brauchten im Vergleich zu den Pferden die Butorphanol im Zuge der Prämedikation erhalten haben.

2.1.5.1.6 Dobutamin

Das β-Sympathomimetikum wirkt über β1-, β2- und α1-Adrenozeptoren steigernd auf die Kontraktionskraft des Herzens ohne die Herzfrequenz zu erhöhen (LÖSCHER et al. 2014). Postoperative Probleme sind nach Anästhesien, in denen eine Hypotension während der Anästhesie auftrat, das heißt, ein Abfall des systolischen Blutdrucks unter 80 mmHg, beschrieben (SCHATZMANN 1995). Da Dobutamin nur eine sehr kurze Halbwertszeit (zwei Minuten) besitzt, muss es infundiert werden (TAYLOR u. CLARKE 2007; LÖSCHER et al. 2014). In Studien konnte gesehen werden, dass die perianästhetische Gabe von Dobutamin zwar die Kreislaufsituation verbessert, aber weder die Aufstehqualität verändert, noch das Auftreten von postanästhetischen Myopathien verhindert (YOUNG u. TAYLOR 1993; DUKE et al. 2006). Allerdings konnten DUKE et al. (2006) sehen, dass der perianästhetische

Einsatz von Dobutamin zu einer Reduktion der Schwere der Myopathie beiträgt (YOUNG u. TAYLOR 1993; DUKE et al. 2006).

2.1.5.1.7 Isofluran

Volatile Anästhetika mit einer geringen Blut-/Gaslöslichkeit, wie Isofluran, Sevofluran und Desfluran erlauben eine gute Kontrolle der Anästhesietiefe (STEFFEY 2009). Mit der Höhe der Konzentration und der Löslichkeit des Inhalationsanästhetikums und der Anästhesiedauer steigt die Dauer der Aufwachphase (EGER u. JOHNSON 1987).

Isofluran ist das derzeit in Deutschland einzige zugelassene Inhalationsanästhetikum beim Pferd. Es besitzt eine hohe Wirkungspotenz, eine schnelle An- und Abflutung und eine geringe Toxizität (LÖSCHER et al. 2014). In subanästhetischen Konzentrationen führt Isofluran zu einer anterograden Amnesie (DUTTON et al. 2002; ALKIRE u. GORSKI 2004; PEROUANSKY et al. 2010), vermindert kognitive Funktionen (HEINKE u. SCHWARZBAUER 2001), verändert die Motoneuron-Funktion (ANTOGNINI et al. 1999; BRANDES et al. 2007) und führt zu Hyperalgesie (ZHANG et al. 2000; FLOOD et al. 2002), was eventuell einen Einfluss auf eine verstärkte Wahrnehmung von Schmerz während der Aufstehphase haben kann (ZHANG et al. 2000). Kurze und ruhige Aufwachphasen konnten bei Ponys nach Isofluranänästhesien im Vergleich zu Anästhesien mit Enfluran, Methoxyfluran und Halothan beobachtet werden (AUER et al. 1978). In jüngeren Studien konnte gezeigt werden, dass Isofluran für eine schnellere Aufwachphase im Vergleich zu den Aufwachphasen nach der Anästhesie mit Halothan sorgt und dass die Aufstehqualität im Vergleich zu Sevofluran- und Halothananästhesien schlechter ist (MATTHEWS et al. 1998; DONALDSON et al. 2000). Die schnelle Elimination von Isofluran birgt die Gefahr verfrühter Aufstehversuche beim Pferd (DONALDSON et al. 2000; CLARKE 2014b). DUGDALE et al. (2016) beobachteten ein erhöhtes Mortalitätsrisiko bei der Aufrechterhaltung der Anästhesie mit Isofluran und Sevofluran im Vergleich zu der Aufrechterhaltung der Anästhesie mit Halothan, Desfluran oder total intravenöser Anästhesie. Dagegen konnte in einer prospektiven, randomisierten Studie kein Unterschied in der Mortalitätsrate zwischen Halothan- und Isofluranänästhesien erkannt werden (JOHNSTON et al. 2004). Zusätzlich erscheint die Isofluranänästhesie in der Altergruppe von zwei bis fünf Jahren und bei Pferden mit einem höheren Anästhesierisiko geeigneter (JOHNSTON et al. 2004).

Da verschiedene Autoren zeigen konnten, dass eine postanästhetische Sedation sinnvoll ist, um die Aufstehphase bis zur ausreichenden Elimination des volatilen Anästhetikums zu verlängern und die Aufstehqualität somit zu verbessern (BIENERT et al. 2003; SANTOS et al. 2003), wird die postanästhetische Sedation mit einem α2-Adrenozeptor-Agonisten, laut einer Umfrage, als Standardverfahren in vielen Kliniken durchgeführt (KÄSTNER 2010).

2.1.5.2 Dauer der Anästhesie

In CEPEF 1 und 2 konnte nachgewiesen werden, dass das Mortalitätsrisiko mit der Dauer der Anästhesie steigt (JOHNSTON et al. 1995; JOHNSTON et al. 2002). Andere Studien beobachteten außerdem, dass mit zunehmender Anästhesiedauer die Wahrscheinlichkeit der Verschlechterung der Qualität der Aufwachphase steigt und sich die Zeit bis zum sicheren Stand bei Pferden, die frei aufstehen, verlängert (YOUNG u. TAYLOR 1993; VOULGARIS u. HOFMEISTER 2009; DUGDALE et al. 2016). Deshalb empfiehlt HUBBELL (2005) Pferde, die länger als eine Stunde in Allgemeinanästhesie verbracht haben und Gefahr laufen eine verlängerte Aufwachphase zu haben, auf speziellen Matten oder auf Luftkissen/Luftmatratzen zu lagern. Aufregung und Schwierigkeiten beim Aufstehen sind bevorzugt bei Pferden beschrieben, die einer längeren Anästhesie unterzogen wurden (165 ± 51 Min) (TRIM et al. 1989). Außerdem stellt die Anästhesiedauer neben einer perianästhetischen Hypotension einen wichtigen Entstehungsgrund für die Entwicklung einer postanästhetische Lahmheit dar (RICHEY et al. 1990).

2.1.5.3 Komplikationen während der Anästhesie

Intraoperative Hypoxämie kann zu einer Verschlechterung der Aufstehqualität führen (RÜEGG et al. 2016). Eine Hypotension während der Allgemeinanästhesie, das heißt ein Absinken des mittleren arteriellen Blutdrucks unter 60 mmHg, wird im Zusammenhang mit dem Auftreten einer Rhabdomyolyse gesehen (HUBBELL 2005). RICHEY et al. (1990) nennen die Hypotension als Entstehungsgrund für eine postanästhetischen Lahmheit. Pferde, die über längere Zeit unter einer Hypotension litten, brauchten länger um den sicheren Stand zu erreichen, wenn sie unassistiert aufstanden (VOULGARIS u. HOFMEISTER 2009). Einige Autoren beobachteten, dass auch die Entwicklung sowie die Ausprägung einer Hypothermie während der

Allgemeinanästhesie zu einer Verlängerung der Aufstehphase und zu einer Steigerung der Aufstehversuche bei Pferden, die frei aufstehen, führen kann (MAYERHOFER et al. 2005; VOULGARIS u. HOFMEISTER 2009).

2.1.6 Art des chirurgischen Eingriffs

Die Art des chirurgischen Eingriffs stellt einen entscheidenden Faktor dar, der Einfluss auf die Aufstehqualität besitzt (YOUNG u. TAYLOR 1993). Zudem hat die Art der Operation einen Einfluss auf das Mortalitätsrisiko (JOHNSTON et al. 1995; JOHNSTON et al. 2002; JOHNSTON et al. 2004; DUGDALE et al. 2016). Osteosynthesen werden als sehr risikobehaftet beschrieben (JOHNSTON et al. 2002). Die Autoren nennen als Gründe die mögliche Refrakturierung des betroffenen Beins und die mit der Anästhesiedauer steigende Mortalitätsrate (JOHNSTON et al. 1995; JOHNSTON et al. 2002). Im Allgemeinen werden Frakturen während der Aufstehphase als zweithäufigste perianästhetische Todesursache, direkt nach dem häufigsten Grund dem Herzstillstand und der Synkope, beschrieben (GENT u. BETTSCHART-WOLFENSBERGER 2013). Bei Notfalloperationen konnte gesehen werden, dass sich, unabhängig von der Art des Eingriffs, der Anästhesiedauer und anderen Variablen, die assistierte Aufstehphase verlängert (VOULGARIS u. HOFMEISTER 2009). DUGDALE et al. (2016) berichten von einem gesteigerten Mortalitätsrisiko bei der Kolikchirurgie, besonders ohne Resektion. Angenommen wird, dass unter anderem eine schlechte hämodynamische Versorgung für die Schwäche des Kolikpatienten nach der Anästhesie verantwortlich ist, die sich dann in einer längeren Aufstehphase niederschlägt (VOULGARIS u. HOFMEISTER 2009). Die Autoren berichten von einer circa zwölf Minuten längeren unassistierten Aufstehphase bei Pferden, die einer Kolikoperation unterzogen wurden als bei Nichtkolikern (VOULGARIS u. HOFMEISTER 2009). Auch das Abweichen vom typischen Aufstehmuster ist bei bestimmten Eingriffen beschrieben. So wird beschrieben, dass manche Pferde nach sehr schmerzhaften Eingriffen, wie zum Beispiel nach der Osteosynthese einer Ulnafraktur, die Sternalphase vermeiden und versuchen gleich aus der Seitenlage in den Stand zu gelangen (HUBBELL 2005).

2.1.7 Zeitpunkt des Eingriffs

In CEPEF 1 und 2 konnte gesehen werden, dass im Notdienst die Mortalitätsrate bei chirurgischen Eingriffen in Allgemeinanästhesie höher ist als während der normalen Dienstzeiten (JOHNSTON et al. 1995; JOHNSTON et al. 2002). Zudem sind bei chirurgischen Eingriffen in der Nacht schlechtere Aufwachphasen beschrieben (DUGDALE et al. 2016). Auch die Verlängerung von Aufstehphasen direkt nach der Arbeit oder nach dem Transport von Pferden ist beschrieben und wird mit Müdigkeit und Erschöpfung begründet (HUBBELL 2005).

2.1.8 Lagerung

Laut Literatur haben weder die Lagerung des Patienten in Seiten- oder in Rückenlage (YOUNG u. TAYLOR 1993), noch intraoperatives Drehen des Patienten von der rechten auf die linke Seite oder von der Seitenlage in die Rückenlage und umgekehrt (JOHNSTON et al. 2002) einen Einfluss auf die Aufstehphase. Eine Studie, die sich mit der Beeinträchtigung der Lungenfunktion während der Allgemeinanästhesie beschäftigt hat, konnte allerdings feststellen, dass nach Drehen des Patienten sowohl intra- als auch postoperativ noch einige Zeit eine röntgenologische Verschattung besteht, bei der es sich um eine Reduktion des Volumens der unten liegenden Lungenhälfte handelt, die die Notwendigkeit des Wechselns der Lagerung sowohl intra- als auch postoperativ in Frage stellt (MCDONELL et al. 1979). Zu der Lagerung in der Aufwachbox gibt es verschiedene Meinungen. Nach den Ergebnissen von MCDONELL et al. (1979) wäre es ratsam das Pferd auf der gleichen Seite wie während der Operation zu lagern, um eine gute Belüftung der Lunge zu gewährleisten. Bereits zwanzig Minuten nach der Induktion einer Anästhesie bestehen vermehrt Atelektasen bei Großpferden (MCDONELL et al. 1979; NYMAN et al. 1990). Es entsteht ein Ungleichgewicht zwischen Perfusion und Ventilation und die Shuntfraktion, die durch nicht ventilierte Lungenareale entsteht, nimmt am anästhesierten Pferd zu (HALL et al. 1968; NYMAN u. HEDENSTIERNA 1989). Der Sauerstoffpartialdruck ist bei Pferden in Rückenlage niedriger als in Seitenlage (NYMAN u. HEDENSTIERNA 1989). Demnach ist auch die Oxygenierung in Seitenlage besser als im Vergleich zur Rückenlage (DOBSON et al. 1985).

In Seitenlage ist das Volumen der unten liegenden Lungenhälfte deutlich reduziert. Wird das Pferd auf der anderen Seite als während der Operation in der Aufwachbox

gelagert, konnten MCDONELL et al. (1979) beobachten, dass keine ausreichende Ventilation mehr möglich war, da die zuvor unten liegende Lungenhälfte noch atelektatisch ist und die zuvor oben liegende Lungenhälfte nun komprimiert wird.
WILDERJANS (2008) empfiehlt bei der Verwendung einer Aufstehhilfe das Pferd eng mit dem Rücken an der Wand zu lagern und die Beine mit ausreichend Platz nach vorne in die Richtung zu positionieren, in die der Aufstehversuch erfolgen soll, da das Pferd während seines Aufstehversuchs immer eine Vorwärtstendenz behält. Weiterhin wird empfohlen, die Lagerung in Abhängigkeit vom operierten Bein zu treffen, um die Funktion und den Bewegungsablauf nicht zu beeinträchtigen (SALVADOR DEL CASTILLO u. MATTHEWS 2005; WILDERJANS 2008).
In der Literatur ist beschrieben, dass die unsachgemäße Lagerung sowohl während der Operation als auch in der Aufwachbox zu Neuropathien und Myopathien führen kann (MACLEAY 2004; HUBBELL u. MUIR 2015). Verschiedene Studien konnten sehen, dass Nervenlähmungen und Myopathien einen negativen Einfluss auf die Qualität der Aufstehphase haben können (FRIEND 1981; DODMAN et al. 1988; FRANCI et al. 2006).

2.1.9 Aufwachbox

Die Größe der Aufwachbox sollte idealerweise der Größe des Pferdes angepasst sein (HUBBELL 2005). Angegeben wird eine optimale Größe für Vollblutpferde von 4 x 4 m (HUBBELL 2005; HUBBELL u. MUIR 2009). HUBBELL (2005) hält vermehrtes Umherfallen der Pferde, bei einer zu großen Aufwachbox, für möglich. Derselbe Autor empfiehlt einen rutschfesten Boden in der Aufwachbox, um auch bei Nässe ein sicheres Aufstehen des Pferdes zu ermöglichen. Weiter nennt er den Gummibelag als bevorzugtes Material in der Aufwachbox, da Materialien wie Späne, Stroh, Sand oder Holzschnitzel zwar für einen ausreichenden „Grip“ sorgen und einen polsternden Effekt haben, sich aber schlecht säubern und desinfizieren lassen. In der Literatur wird angegeben, dass die Wände gepolstert und 2,5 m hoch sein sollten, dass Ringe an drei Seiten der Aufwachbox, so hoch wie möglich angebracht sein sollten und dass ein Kran an der Decke für den Einsatz eines Hebegeschirrs und ein Kran für Infusionen existieren sollten, um verschiedene Aufstehhilfemethoden einzeln oder auch in Kombination anwenden zu können (HUBBELL 2005; HUBBELL u. MUIR 2009). Von Vorteil wird außerdem die Einsehbarkeit der Aufwachbox gesehen (HUBBELL 2005).

2.1.10 Vorbereitung des Pferdes auf die Aufwachphase

Wie eine Studie zeigen konnte, ist ein Abdunkeln der Aufwachbox nicht nötig, da es weder die Aufstehqualität verbessert noch die Zeit bis zum sicheren Stand beschleunigt (CLARKE-PRICE et al. 2008). Als wichtig wird dagegen eine ruhige Umgebung gesehen, da Lärm durch Stimulation des Sympathikus das Pferd als Fluchttier zu verfrühten, unkoordinierten Aufstehversuchen leiten kann (HUBBELL u. MUIR 2009). Um die Stimulation mit Lärm herabzusetzen, wird deshalb ein Ausstopfen der Ohren mit geeignetem Füllmaterial empfohlen (HUBBELL u. MUIR 2009). In einer internationalen Umfrage konnten als Standard für die Versorgung der Pferde vor und während der Aufwachphase die Versorgung mit 100 % Sauerstoff, α2-Adrenozeptor-Agonisten, nichtsteroidalen Antiphlogistika, Opioiden und das Schieben eines Harnkatheters herausgestellt werden (KÄSTNER 2010). Es besteht der klinische Eindruck, dass durch die Entleerung der Harnblase vor der Aufwachphase, der Patient ruhiger liegt. Außerdem stellt der Harnabsatz in der Aufwachbox eine Gefahr durch Glätte während der Aufstehphase dar (WILDERJANS 2008). Laut einer internationalen Umfrage von KÄSTNER (2010) werden die oben genannten Verfahren als Prävention gegen verfrühte Aufstehversuche gesehen, da Hypoxie, Aufregung und Schmerz in verfrühten und unkoordinierten Aufstehversuchen münden können. Empfohlen wird die Sauerstoffversorgung über einen endotrachealen oder nasalen Tubus zu garantieren, da auch eine nasale Obstruktion zu Aufregung führen kann (WILDERJANS 2008). Zum idealen Zeitpunkt der Extubation gibt es verschiedene Aussagen. Während einige das Schlucken als idealen Zeitpunkt sehen, sind andere der Auffassung, dass die Extubation erst nach Erreichen des sicheren Standes erfolgen sollte (HUBBELL 2005). Obwohl Verletzungen an Kopf und den Extremitäten durch eine Kopfmaske und Gamaschen oder Bandagen minimiert werden können, zählen sie nach der Umfrage von KÄSTNER (2010) aber nicht zum Standardverfahren der meisten Kliniken.

2.1.11 Postanästhetische Sedation

Während manche Autoren die Meinung vertreten, dass eine Sedation nach Allgemeinanästhesie die Aufwachphase nicht verlängern sollte (WILDERJANS 2008), nehmen andere Autoren diese Verlängerung, zugunsten einer verbesserten Aufstehqualität, in Kauf (BIENERT et al. 2003; SANTOS et al. 2003). In einer Studie konnte gezeigt werden, dass es nach postanästhetischer Sedation mit einem α2-Adrenozeptor-Agonisten zwar zu einer Verlängerung der Aufstehphase, aber zu einer Verbesserung der Aufstehqualität kam, die sich in weniger Aufstehversuchen, einer ruhigeren Aufstehphase und einer verbesserten Koordination zeigte (SANTOS et al. 2003).

Es gibt unterschiedliche Ergebnisse zur Wahl des am besten geeignetsten α2-Adrenozeptor-Agonisten für die postanästhetische Sedation. Während in der einen Studie eine Verlängerung der Aufstehphase und deutlich mehr Ataxien nach Erreichen des sicheren Standes nach der postanästhetischen Sedation mit Xylazin beschrieben sind (MATTHEWS et al. 1998), ist HUBBELL (2005) der Auffassung, dass Xylazin besser zur postanästhetischen Sedation geeignet ist als Detomidin. Dies konnte wiederum durch andere Ergebnisse nicht bestätigt werden, da kein Unterschied zwischen den Aufwachphasen nach einer postanästhetischen Sedation mit Xylazin, Detomidin oder Romifidin nach Isofluranänasthesie festgestellt werden konnte (SANTOS et al. 2003). Andere Studien dagegen erzielten mit der Prämedikation und Nachsedation mit Romifidin die besten Aufstehphasen durch weniger Aufstehversuche und eine bessere Koordination (BIENERT et al. 2003; WOODHOUSE et al. 2013). Nach der postanästhetischen Sedation mit Xylazin sowohl in der Dosierung 0,1-0,2 mg/kg KGW und 0,3 mg/kg KGW als auch in der Dosierung 0,5 mg/kg KGW, konnten eine bessere Aufstehqualität und eine Verlängerung der Aufstehphase beobachtet werden (HUBBELL 2005; IDA et al. 2013; VALVERDE et al. 2013). Als Nebenwirkung konnte sowohl bei Verabreichung von Xylazin in der Dosierung von 0,25 mg/kg KGW als auch in der Dosierung von 0,50 mg/kg KGW eine Hypoxie während der Aufstehphase festgestellt werden (IDA et al. 2013). Der Vergleich einer postanästhetischen Sedation mit Acepromazin zu einer postanästhetischen Sedation mit Xylazin und einer postanästhetischen Sedation mit Xylazin in Kombination mit Ketamin hat gezeigt, dass alle Aufwachphasen eine gute Qualität aufwiesen, wobei die Aufwachphasen nach der Sedation mit Xylazin mit den Aufwachphasen nach der Sedation mit Acepromazin vergleichbar waren, aber besser waren als nach der Sedation aus einer Kombination von Xylazin und Ketamin (VALVERDE et al. 2013). Empfohlen wird die Sedation nach einer Inhalationsnarkose, bei der die Prämedikation mit Xylazin erfolgte, ebenfalls mit Xylazin durchzuführen (BIENERT et al. 2003). Der Zeitpunkt der postanästhetischen Sedation ist dabei entscheidend. So konnte in einer Studie gesehen werden, dass die Aufstehqualität positiv beeinflusst werden kann, wenn die postanästhetische Sedation in der frühen Aufwachphase stattfindet (DUGDALE et al. 2016).

2.2 Die Aufstehphase

Unter natürlichen Umweltbedingungen verbringt das Pferd maximal 10 bis 20 Minuten in Seitenlage, da in dieser Position die Perfusion der Muskulatur gestört ist und es vermehrt zu Nervenschädigungen kommen kann, bevorzugt es eine längere Verweildauer in Brustlage (SCHATZMANN 1995; LIECHTI et al. 2003). HUBBELL (2005) sieht eine Dauer von 15 bis 20 Minuten in Seitenlage als ideal an, aus der sich das Pferd möglichst sanft in die Sternallage begibt (DONALDSON et al. 2000). In dieser Position konnte eine bessere Lungenbelüftung beobachtet werden (MCDONELL et al. 1979). Laut HUBBELL (2005) wird die Sternalphase idealerweise 20 bis 30 Minuten nach dem Abschalten des Verdampfers erreicht, in der die Pferde circa 10 bis 15 Minuten verbleiben, idealerweise solange, bis sie wieder Kontrolle über ihre Bewegungen und ihre Koordination erlangt haben. Die Auffassung, wann eine Sternalphase als verlängert angesehen werden sollte, ist unterschiedlich. DONALDSON et al. (2000) sehen jede Sternalphase, die länger als 20 Minuten dauert, als verlängert an. LEECE et al. (2008) konnten dagegen beobachten, dass eine längere Sternalphase mit einer verbesserten Aufstehqualität assoziiert ist, weshalb sie eine verlängerte Sternalphase nicht negativ bewerteten.

HUBBELL (2005) vertritt die Meinung, dass Pferde, die innerhalb von einer Stunde keine Aufstehversuche getätigt haben, animiert werden sollten und dass bei kardiopulmonaler Dysfunktion dies noch früher erfolgen sollte. Andere sind der Meinung, dass ein Pferd, welches länger als 40 Minuten in Sternallage verbringt, zum Aufstehen animiert werden sollte (DONALDSON et al. 2000).

In der Literatur wird die ideale Aufstehphase mit einer Pause in Sternallage und einem kontrollierten Aufstehversuch beschrieben (DONALDSON et al. 2000; HUBBELL u. MUIR 2009). Der sichere Stand sollte, abhängig von der Wahl des Anästhetikums, innerhalb von einer Stunde nach Abschalten des Verdampfers erreicht werden (HUBBELL 2005).

2.3 Komplikationen/Zwischenfälle während der Aufstehphase

Die oben genannten, die Aufwachphase beeinflussenden Faktoren können fatale Konsequenzen für die Aufstehphase des Pferdes haben. Es gibt nur wenige Informationen zur postanästhetischen Erkrankungsrate.

2.3.1 Herzversagen

Der intraoperative Herzstillstand ist die häufigste Todesursache in der CEPEF 2 und 3. In der CEPEF 2 macht das 30 % und in der CEPEF 3 macht das 32,8 % der Todesfälle aus (JOHNSTON 2005). Verschiedene Faktoren stehen im Zusammenhang mit Herzversagen. Ein höheres Alter des Pferdes, eine inhalative Induktion, eine längere Anästhesiedauer, Operationen am Abend und in der Nacht, die Art der Operation und der Kliniktyp werden mit einem erhöhten Risiko für das Auftreten von Herzversagen in Zusammenhang gebracht (JOHNSTON 2005).
Auch Herzversagen in der Aufwachbox ist beschrieben (BIDWELL et al. 2007). BIDWELL et al. (2007) berichten davon, dass es sich bei vier von zehn Pferden mit Herzstillstand, um klinisch gesunde Pferde, die einem elektiven Eingriff unterzogen wurden, handelte. Die Autoren nehmen an, dass ein erhöhter vagaler Tonus, bei Pferden die im Training stehen, als Risiko gesehen werden kann, intra- oder postoperativ eine Dysarrythmie zu entwickeln (BIDWELL et al. 2007).

2.3.2 Verletzungen, Frakturen, Luxationen

Das Pferd mit seinem ausgeprägten Fluchtinstinkt hat ein erhöhtes Risiko sich während der Aufstehphase zu verletzen. In einer Studie wird über eine Erkrankungsrate von 13,7 % nach 861 Allgemeinanästhesien berichtet (SENIOR et al. 2007). Dabei handelt es sich in 0,7 % der Fälle um Wunden und Verletzungen, die während der Aufstehphase entstanden sind (SENIOR et al. 2007). Beschrieben sind Schürfwunden, Risswunden, offene Wunden, Hämatome und Prellungen in unterschiedlichster Ausprägung (KÄSTNER 2010; CZUPALLA 2012).
In der CEPEF 1 und 2 waren ein Viertel aller perioperativen Todesfälle Frakturen. Bei Problemen während der Aufstehphase stellten Frakturen den häufigsten Euthanasiegrund (JOHNSTON et al. 2002; JOHNSTON 2005; BIDWELL et al. 2007; DUGDALE et al. 2016; DUGDALE u. TAYLOR 2016). Das Temperament der Pferde, Aufregung, Umgebungslärm, postoperativer Schmerz, Obstruktion der oberen

Atemwege und Hypoxie werden mit einem erhöhten Frakturrisiko in Zusammenhang gebracht (BIDWELL et al. 2007). In der CEPEF 1 und 2 ist ein erhöhtes Frakturrisiko nach Osteosynthesen für das betroffene Bein beschrieben (JOHNSTON et al. 2002), aber auch nach einem elektiven, orthopädischen Eingriff an einem anderen Bein sind Frakturen möglich (DZIKITI et al. 2008). Meist handelt es sich bei während der Aufwachphase entstandenen Frakturen um Frakturen der langen Röhrenknochen (BIDWELL et al. 2007), die häufig eine Indikation zur Euthanasie darstellen. Beschrieben sind Frakturen des Carpus und des Radius (BIDWELL et al. 2007), des Humerus (SENIOR et al. 2007), des Metatarsus (DZIKITI et al. 2008), der Tibia (PASCOE et al. 1983; BIDWELL et al. 2007), des Femurs (PASCOE et al. 1983) und Frakturen im Bereich der Halswirbel (YOUNG u. TAYLOR 1993; SENIOR et al. 2007). Nicht nur die Aufwachphase stellt eine Frakturgefahr dar, auch beim Niedergehen des Pferdes bei Induktion der Anästhesie ist die Entstehung einer Fraktur möglich (ZERT et al. 2007).
Luxationen in den verschiedensten Gelenken, wie zum Beispiel eine coxofemorale Luxation (PORTIER u. WALSH 2006), eine Patelladislokation (YOUNG u. TAYLOR 1993) und eine Dislokation im Carpus (DUGDALE et al. 2016) sind beschrieben. Auch fatale Weichteilschäden sind aufgeführt. So existiert ein Fallbericht von einer Zwerchfellruptur, die während einer stürmischen Aufstehphase entstanden ist (KOWALCZYK et al. 2011).

2.3.3 Postanästhetsiche Myopathie, postanästhetische Lahmheit

In den Ergebnissen der CEPEF 1 und 2 bilden Myopathien einen Anteil von 7 % an der perioperativen Todesrate von 0,9 % für elektive Eingriffe (JOHNSTON et al. 2002). Bei Operationen mit einer Länge über 90 Minuten ist das Risiko für das Pferd zehnmal höher eine Myopathie zu entwickeln und das Risiko steigt durch die intraoperative Lagerung auf der Seite an (YOUNG u. TAYLOR 1993; JOHNSTON et al. 2004; JOHNSTON 2005). In einer Studie in der unterschiedliche Lagerungstechniken der Beine untersucht wurden, konnte gesehen werden, dass der Druck im *M. triceps brachii* am niedrigsten ist, wenn das unten liegende Bein nach vorne gezogen wird und das oben befindliche Bein unterstützt wird (WHITE u. SUAREZ 1986). Außerdem konnten die Autoren darstellen, dass der Druck im *M. triceps brachii* bei Verwendung einer Schaummatratze abnimmt, was die Annahme von MACLEAY (2004) bestätigt, dass Myopathien aus lagerungsbedingten Fehlern resultieren können. Ein weiterer beschriebener, prädisponierender Faktor für die Entwicklung einer Myopathie ist ein hohes Körpergewicht (BIDWELL et al. 2007). So neigen Kaltblutpferde vermehrt zur Entwicklung von Myopathien (GLEED u. SHORT 1980).

Eine perianästhetische Hypotension ist ein entscheidender Faktor für die Entstehung einer postanästhetischen Myopathie (GRANDY et al. 1987; LINDSAY et al. 1989; OOSTERLINCK et al. 2013). Aber auch eine Hypoxämie wird unter den multiplen Entstehungsgründen in der Literatur genannt (LINDSAY et al. 1980). Während der Anästhesie auftretende Muskelischämie (TRIM u. MASON 1973) und nachfolgende Reperfusion mit Erzeugung von Oxidantien und Lipidmembranperoxidation, werden schon lange als Auslöser für eine Muskelschädigung diskutiert (ANDERSON 1976).

Die Aufstehphase ist erschwert bis zu unmöglich, wenn mehrere Muskelgruppen in starker Form betroffen sind (FRIEND 1981; DODMAN et al. 1988). Als Folgen daraus sind Unkoordination und misslungene Aufstehversuche beschrieben, die zu einem erhöhten Verletzungsrisiko beitragen können (FRIEND 1981). Im Einzelfall kann aber auch eine lokalisierte Form der Myopathie in einer Euthanasie enden (AYALA et al. 2009).

Zu den typischen Symptomen gehören vermehrt warme, angeschwollene Muskelgruppen, eine hochgradige Schmerzhaftigkeit, Schwitzen und bei hochgradigem Muskelschaden auch eine Myoglobinurie (MACLEAY 2004). Am zweiten Tag post operationem sind ein Anstieg der Creatinkinase bis 77000 U/l, der Aspartataminotransferase bis 22000 U/l und der Laktatdehydrogenase bis 10000 U/l sowie eine Hyperkaliämie im Blut erkennbar (BREHM et al. 2016). VOULGARIS und HOFMEISTER (2009) halten es allerdings für möglich, dass viele postanästhetische Myopathien unerkannt bleiben.

Das Auftreten einer postanästhetischen Lahmheit wird von unterschiedlichen Autoren beschrieben (RICHEY et al. 1990; YOUNG u. TAYLOR 1993; SENIOR et al. 2004). Als mögliche Ursachen für eine postanästhetische Lahmheit werden leichtere Myopathien, Neuropathien und traumatische Alterationen genannt (DZIKITI et al. 2008).

2.3.4 Neuropathien

Neuropathien werden genauso wie Myopathien nach längeren chirurgischen Eingriffen beobachtet (BIDWELL et al. 2007).

Dieselben Autoren konnten sehen, dass ein höheres Körpergewicht des Patienten durch Kompression auf dem Operationstisch einen weiteren prädisponierenden Faktor für die Entwicklung einer Neuropathie darstellt (BIDWELL et al. 2007). Eine unsachgemäße Lagerung wird im Zusammenhang mit einer Begünstigung der Entstehung einer Nervenparalyse gesehen (HUBBELL 2005). Deshalb stellt die optimale Lagerung des Patienten eine Prevention gegen Neuropathien dar. Beschrieben sind meist einseitige Neuropathien des *N. facialis*, des *N. radialis* und des *N. femoralis* (DYSON et al. 1988). Dabei sind die unten liegende Gesichtshälfte und/oder die direkt auf dem Tisch liegenden Gliedmaße betroffen (SCHATZMANN 1995). OOSTERLINCK et al. (2013) vermuten, dass auch die Abduktion und/oder Endorotation des oben liegenden Beins zu einer Schädigung des *Plexus brachialis* führen kann. Eine beidseitige postanästhetische Paralyse des *N. femoralis* ist in einzelnen Fällen beschrieben (DYSON et al. 1988; CZUPALLA 2012) und macht das Aufstehen für den Patienten fast unmöglich (DYSON et al. 1988; SCHATZMANN 1995). Wie eine Myopathie kann auch eine Neuropathie in Unkoordination und misslungenen Aufstehversuchen enden.

2.3.5 Postanästhetische Myelopathie

Eine postanästhetische Myelomalazie ist eine weitere, in Einzelfallberichten beschriebene, seltene Komplikation (JOUBERT et al. 2005; PATSCHOVA et al. 2014). In einer großen retrospektiven Studie trat sie in 7,1 % der fatalen Komplikationen auf (DUGDALE et al. 2016). Pseudonyme sind Myelomalazie, Hämatomyelie und Poliomalazie.

Als prädisponierende Faktoren werden in der Literatur ein geringes Alter, häufig Pferde unter drei Jahren, eine intraoperative Lagerung auf dem Rücken und ein hohes Körpergewicht genannt (MAIER et al. 1992; SCHATZMANN 1995; VAN LOON et al. 2010; PATSCHOVA et al. 2014). Vereinzelt ist sie beschrieben bei jungen Pferden, die einem kurzen, elektiven Eingriff in Allgemeinanästhesie unterzogen wurden (ZINK 1985; MAIER et al. 1992; SCHATZMANN 1995; JOUBERT et al. 2005; HATTEL u. MCALLISTER 2011; PATSCHOVA et al. 2014).

Als Entstehungsursache der Hämatomyelie wird eine ischämische Pathogenese angenommen (DRIESSEN et al. 2016). Durch Abflussstörungen der Venen im Spinalbereich kann es bevorzugt in der grauen Substanz des thorakalen

Rückenmarks zu hämorrhagischen Infarzierungen und hämorrhagischen Stiftnekrosen kommen (DAHME u. WEISS 2007).

Das klinische Bild der Hämatomyelie zeigt sich in einer vollständigen Paralyse und fehlendem Schmerzempfinden in der Hinterhand inklusiv fehlendem Schweiftonus und Analreflex, was aufgrund seiner irreversiblen Schäden eine Indikation zur Euthanasie darstellt (SCHATZMANN 1995; VAN LOON et al. 2010). Wie ein Fallbericht zeigen konnte, sind in der grauen Substanz bereits makroskopisch Hämorrhagien sichtbar (HATTEL u. MCALLISTER 2011). Differentialdiagnostisch muss laut Literatur eine akute traumatische Myelopathie durch Frakturen oder Luxationen in der Wirbelsäule, eine fibrokartilaginäre embolische Myelopathie oder ein Infarkt im Rückenmark in Betracht gezogen werden (RAIDAL et al. 1997).

2.3.6 Laryngotracheales Trauma, Obstruktion, postoperatives Lungenödem

Traumata an den oberen und unteren Atemwegen, Obstruktionen und Lungenödem können unter anderem zu Hypoxämie und dadurch zu einer Verschlechterung der Aufstehqualität führen (RÜEGG et al. 2016). Hypoxie kann das Pferd in Stress versetzen, zu verfrühten und unkoordinierten Aufstehversuchen motivieren und dadurch das Frakturrisiko erhöhen (BIDWELL et al. 2007).

Durch nahezu jede Intubation kann es zu laryngealen und trachealen Verletzungen kommen (HEATH et al. 1989). Die Traumata können von unterschiedlichem Ausmaß sein. Beschreibungen zufolge kann es nach nasotrachealer Intubation im Naseneingang, an den Aryknorpeln, am Recessus pharyngeus dorsalis, in den Stimmtaschen, in den Luftsäcken und in der Trachea zu Schleimhautschäden kommen (HOLLAND et al. 1986). In einer Studie, die laryngotracheale Schäden an sieben Pferden nach nasotrachealer Intubation untersucht hat, konnte festgestellt werden, dass Verletzungen am Larynx durch den Druck des Tubus auf die Aryknorpel entstehen, während die Autoren die Schäden in der Trachea dem durch die Luftmanschette ausgeübten Druck zuschreiben (HOLLAND et al. 1986). In experimentellen Studien an Kaninchen und an Pferden konnte gezeigt werden, dass bei einer zu stark aufgepumpten Luftmanschette, der Druck der entscheidende Faktor für die Schädigung ist (NORDIN 1977; TOUZOT-JOURDE et al. 2003). Wie ein Fallbericht zeigen konnte, kann es im Anschluss an eine Schädigung der Schleimhaut sekundär zu einer bakteriellen Infektion kommen, die anschließend in einer Nekrose des geschädigten Bereichs der Trachea enden kann (WYLIE et al.

2015). Wie ein weiterer Fallbericht von zwei Pferden zeigen konnte, besteht außerdem durch eine Intubation die Gefahr der Perforation der Trachea (SAULEZ et al. 2009).

Obstruktionen der oberen Atemwege stellen einen Anteil von 15,4 % an den nichtfatalen Komplikationen und in 14,2 % der fatalen Komplikationen einen Grund zur Euthanasie dar (DUGDALE et al. 2016). Laut HUBBELL (2005) kommt es bei Pferden, die in Rückenlage operiert werden häufig zu einem nasalen Ödem mit Obstruktion, was in einer Hypoxämie münden kann. Außerdem führt er Fremdkörper in den oberen Atemwegen als Indikationsgrund für eine Tracheotomie auf. In einem Review von SENIOR (2005) wird allerdings deutlich, dass weder eine Hyperämie noch eine Verlegung des weichen Gaumens zu einer vollständigen Obstruktion der Atemwege führen können.

Als mögliche Komplikationen nach längeren Eingriffen, in denen zu dem der Kopf und der Hals überstreckt werden, ist das Auftreten des Larynxkollaps und der Larynxdysfunktion während der Aufstehphase beschrieben (HUBBELL 2005). In einem Fallbericht konnte gesehen werden, dass eine Asphyxie als Folge einer bilateralen Paralyse der Aryknorpel möglich ist (ABRAHAMSEN et al. 1990). Dieselben Autoren nennen als mögliche Gründe für eine idiopathische Hemiplegia laryngis, eine Kompression oder Druck auf den *N. laryngeus recurrens* während der Lagerung oder eine überstreckte Lagerung von Kopf und Hals gekoppelt mit einem niedrigen Sauerstoffgehalt, was möglicherweise zu einer hypoxischen Schädigung des *N. laryngeus recurrens* und so zu einer bilateralen Paralyse der Aryknorpel führen kann (ABRAHAMSEN et al. 1990).

Nach der Extubation ist eine Obstruktion der oberen Atemwege distal des Larynx durch Schleim, Blut, und aspiriertes Material möglich. Darüber hinaus können die aufgezählten Faktoren die Entstehung eines Lungenödems fördern (SENIOR 2005).

Das postoperative Lungenödem ist eine seltene, aber schwere postanästhetische Komplikation, die mit einer bilateralen Paralyse der Aryknorpel vergesellschaftet sein kann (SENIOR 2005). Sein Auftreten ist als seltene postanästhetische Komplikation in einzelnen Fallbeispielen beschrieben (BORER 2005; KAARTINEN et al. 2010; MELIS et al. 2014). Die Gründe für seine Entstehung sind multifaktoriell (KAARTINEN et al. 2010). Laut dem Erfahrungsbericht einiger Autoren steht eine Obstruktion der oberen Atemwege oft im Vordergrund (KOLLIAS-BAKER et al. 1993). Aber auch eine gesteigerte Permeabilität der Lungenkapillaren sekundär bedingt durch eine Reperfusionschädigung oder Endotoxämie und eine durch Hypoxie induzierte pulmonale Vasokonstriktion können laut Vermutungen über die Entstehungsursache in einem Fallbericht mögliche Gründe sein (BORER 2009). Als Folge daraus nennt derselbe Autor einen gesteigerten, transkapillären und hydrostatischen Druckgradienten und/oder eine gesteigerte Permeabiltät der Gefäße für Flüssigkeit und Proteine. Wie in dem Fallbericht von BORER (2009) deutlich wird, sind charakteristische Symptome wie pinker oder weißer nasaler Schaum vergesellschaftet mit inspiratorischem Stridor und/oder Atemnot, mit Tachypnoe und Tachykardie, Exzitationen oder Kollaps und rasselnden oder keuchenden Auskultationsbefunden.

2.4 Methoden zur Unterstützung der Aufstehphase

Bei internationalen Umfragen stellte sich heraus, dass zwischen 40 % und 50 % der befragten Kliniken eine Form der Aufstehhilfe verwenden (KÄSTNER 2010; WOHLFENDER et al. 2015). Wobei KÄSTNER (2010) nur Institutionen, die einen Diplomate (ACVAA oder ECVAA) beschäftigt haben, befragte, was den höheren Prozentsatz derer die als Standard eine Aufstehhilfe verwenden, erklären könnte. Diese Vermutung entsteht durch die Ergebnisse von WOHLFENDER et al. (2015), die sehen konnten, dass Aufstehhilfetechniken signifikant häufiger in Institutionen verwendet wurden, in denen Diplomates (ACVA/ECVAA) beschäftigt waren. In Nordamerika verwenden, laut der Umfrage von KÄSTNER (2010), fast alle der befragten Kliniken eine Aufstehhilfe als Standardverfahren, wohingegen in Europa nur fünf von 17 befragten Kliniken eine Aufstehhilfe verwenden. Der Hauptgrund für die Verwendung einer Aufstehhilfe ist der Gedanke das Pferd mit seinem natürlichen Angstverhalten und Fluchtinstinkt in der Phase des Erlangens des Bewusstseins nach Allgemeinanästhesie gezielt in seinem Aufstehversuch zu unterstützen (WILDERJANS 2008). Die häufigsten genannten Gründe für die Durchführung einer Aufstehhilfe sind die Art des Eingriffs, das Vorhandensein eines Gipsverbandes und propriozeptive Defizite des Pferdes (KÄSTNER 2010). In einer anderen Studie werden ein fortgeschrittenes Alter, Hypothermie, Endotoxämie, Hypoxämie und Hypotension als Indikationen für die Verwendung einer Aufstehhilfe gesehen (VOULGARIS u. HOFMEISTER 2009).

Die häufigste Form der Aufstehhilfe ist die Kopf- und Schweifstrickanbindung, das gaben in einer internationalen Umfrage 94,1 % der Kliniken an (KÄSTNER 2010).

Weitere Methoden wie Hebeschlingen- und Transportsysteme werden in 44,1 % der Kliniken, ein Poolsystem wird in 8,8 % der Kliniken und ein Kipptisch in 5,9 % der Kliniken verwendet (KÄSTNER 2010). Verschiedene Arbeitsgruppen sind sich einig, dass derzeitig keine verfügbaren Methoden zur Unterstützung der Aufstehphase bestehen, die das Aufstehrisiko für das Pferd auf null Prozent setzen und das Risiko für das Hilfspersonal verletzt zu werden verhindern (TIDWELL et al. 2002; ELMAS et al. 2007).

2.4.1 Manuelle Aufstehhilfe in der Aufwachbox

Nach DRIESSEN (2005) sind zwei Personen nötig, um Aufstehhilfe in der Aufwachbox leisten zu können. Eine Person kniet auf der Rückseite des Pferdes und übt mit einem Knie Druck auf den Hals aus. Zudem wird mit beiden Händen der Kopf so fixiert, dass eine schwungvolle Bewegung mit diesem, um die Sternallage zu erreichen, verhindert wird. Eine zweite Person steht auf Höhe der Kruppe und greift den Schweif sobald das Pferd für einen Aufstehversuch bereit ist. Sobald das Pferd den Stand erreicht hat, wird es am Kopf und am Schweif weiterhin fixiert, um ein weiteres Ausbrechen zu verhindern.

Laut DRIESSEN (2005) ist diese Methode bei umgänglichen Pferden und kleinen Pferden wie Ponys und Fohlen anwendbar. Laut TAYLOR und CLARKE (2007) birgt diese Form der Aufstehhilfe allerdings ein hohes Verletzungsrisiko für das Personal, weshalb sie in vielen Kliniken auf Fohlen beschränkt ist. Da keine Ausrüstung nötig ist, ist diese Methode kostengünstig und der Patient wird durchgehend überwacht, allerdings ist eine gute Ausbildung des Personals nötig, um das Verletzungsrisiko möglichst gering zu halten (DRIESSEN 2005).

2.4.2 Kopf- und Schweifstrickanbindung

Der Großteil der Kliniken, die eine Aufstehhilfe durchführen, verwenden eine Kopf- und Schweifstrickanbindung (KÄSTNER 2010). Im Folgenden sind die Art der Durchführung und die Ausrüstung beschrieben. Es wird ein Halfter benötigt, was aus reißfestem Material besteht, größenverstellbar ist, leicht zu reinigen ist und über eine ausreichende Polsterung verfügt. Die Polsterung sollte die sensible Region des *N. facialis* in der Nähe der *Incisura vasorum facialium* vor einer Quetschung schützen. Manche Kliniken verwenden eine Maske für die Aufstehphase. In diesem Falle sollte die Befestigung des Halfters über der Maske möglich sein (SALVADOR DEL CASTILLO u. MATTHEWS 2005).

Die Seile, bestehend aus Nylon und/oder Baumwolle, für den Kopf- und Schweifstrick sollten robust und rutschfest, aber nicht zu starr sein, um auch einen Knoten mit einem sehr dünnen Schweif zu ermöglichen. Empfohlen werden ein Durchmesser von maximal 0,75 cm, eine Länge von mindestens 10,7 m und eine knotige Verbindung des Kopfstricks mit dem Halfter, da es durch die Befestigung über einen Karabiner zu einem Loslösen des Kopfstricks vom Halfter kommen kann (SALVADOR DEL CASTILLO u. MATTHEWS 2005). Umlenkrollen, die die Position des Patienten stabilisieren sollen (SALVADOR DEL CASTILLO u. MATTHEWS 2005), genauso wie Schnellverschlussarretierungen (TAYLOR u. CLARKE 2007) sind beschrieben, bergen aber das Risiko nicht spontan handeln zu können. Nachdem das Pferd in die Aufwachbox verbracht worden ist, wird das Halfter angelegt und ausreichend eng verschnallt, sodass es während des Aufstehens nicht abgestriffen werden kann. Der an dem Nasenrücken des Halfters befestigte Kopfstrick wird von unten durch einen mit einem ausreichend großen Durchmesser versehenen Ring an der Wand geführt. Der Schweifstrick wird mit Hilfe eines speziellen Knotens am Schweif befestigt. Dafür wird der Strick unter dem letzten Schweifwirbel über den Schweif gelegt. Danach wird der Schweif einmal umgeschlagen und einmal nach kaudal und dann nach kranial, um die aufeinanderliegenden Enden des Schweifs geführt. Dies kann gegebenenfalls wiederholt werden. Das kurze Ende wird als Schlaufe durch die Schlinge gezogen. Durch Zug am langen Ende des Stricks erhält der Schweifknoten seine Stabilität. Im Anschluss wird das lange Ende des Schweifstricks von unten durch einen Ring an der von dem Kopfstrick gegenüberliegenden Wand geführt.

Ziel ist es laut SALVADOR DEL CASTILLO und MATTHEWS (2005) den ersten Aufstehversuch zu unterstützen und das Pferd in seinem sicheren Stand zu stabilisieren. Laut der Autoren hat die Person am Kopf die Funktion das Pferd zu lenken und die Person am Schweif hauptsächlich eine stabilisierende Funktion. DRIESSEN (2005) sieht in dem Zug am Schweif zusätzlich eine Reduktion der Vorwärtsbewegung des Pferdes während des Aufstehversuches. Auch der Kopfstrick sorgt in dem Moment für Stabilität, wenn das Pferd zu schwanken beginnt. Er hindert das Pferd an seiner Bewegungsfreiheit, was SALVADOR DEL CASTILLO und MATTHEWS (2005) als Prävention gegen ein Niedergehen sehen.

CLARK-PRICE et al. (2008) halten eine Irritation der Pferde durch die Kopf- und oder Schweifstrickanbindung, die in einem vorzeitigen Aufstehversuch münden kann, für möglich. Um das Pferd nicht zu irritieren sollte der Kopfstrick laut HUBBELL (2005) nicht zu kurz gehalten werden, da das Pferd die Bewegung des Kopfes für die Balance und zum Schwungholen braucht. Auch ein zu starkes Ziehen am Schweifstrick kann zu einer Irritation des Pferdes führen, was in Aggression oder Angst umschlagen kann (SALVADOR DEL CASTILLO u. MATTHEWS 2005). Den Autoren zufolge sollte die Stärke des Zugs am Schweif der Situation angepasst werden, da ein Schweifstrick der nicht unter ausreichendem Zug steht einem Zusammenknicken des Pferdes in der Hinterhand nicht vorbeugen kann. Lässt sich ein Niedergehen des Pferdes nicht vermeiden, so ist es den Autoren zufolge möglich, mit Hilfe der Stricke das Pferd kontrolliert gleiten zu lassen. Sobald das Pferd steht, sollte der Kopfstrick kurzgefasst werden, um ein Wandern des Pferdes zu vermeiden. Auch der Schweifstrick verhindert ein Wandern des Pferdes in der Aufwachbox. Außerdem minimiert er die Vorwärtsbewegung des Pferdes, er unterstützt seinen Aufstehversuch und trägt zur Reduktion von Ataxie bei.

Laut WILDERJANS (2008) kann diese Form der Aufstehhilfe auch nur durch eine einzige Person mit Hilfe von Grigris durchgeführt werden, was sie sehr kostengünstig macht. Manche Kliniken verwenden nur einen Kopfstrick, um Kopftraumata vorzubeugen, das Pferd zu unterstützen und ein Umherwandern zu verhindern (DONALDSON et al. 2000).

SALVADOR DEL CASTILLO und MATTHEWS (2005) sind der Meinung, dass eine Kopf- und Schweifstrickanbindung das Wohlergehen der Patienten positiv beeinflussen und ein sichereres Aufstehen bei allen Pferden insgesamt gewährleisten kann. Es besteht der Eindruck, dass diese Form der Aufstehhilfe einem Zusammenbrechen des Patienten vorbeugt und wildes Umherfallen in der Aufwachbox verhindert (SALVADOR DEL CASTILLO u. MATTHEWS 2005). Die Autoren nehmen an, dass die Wahrscheinlichkeit von Komplikationen und Verletzungen vermindert wird. Bislang gibt es allerdings keine Studie, die belegt, dass diese Form der Aufstehhilfe die Morbidität und Mortalität senkt und bestimmten Verletzungen vorbeugt.

SALVADOR DEL CASTILLO und MATTHEWS (2005) vermuten, dass die Patienten am meisten von dieser Form der Aufstehhilfe profitieren, die ein sehr risikobehaftetes postanästhetisches Komplikationsrisiko besitzen. Dennoch garantiert diese Art der

Unterstützung keine erfolgreiche Aufstehphase. So konnte eine retrospektive Studie zeigen, dass gerade wenn die Pferde ermüdet sind, auch durch dieses System die Entstehung von Frakturen nicht verhindert werden (BIDWELL et al. 2007).
Die Anwendbarkeit dieser Methode ist für nicht ausgebildete Pferde, Pferde, die nervös oder aufgeregt sind, nach einer verlängerten Anästhesie, für Pferde mit gering- bis mittelgradigen neurologischen Problemen und für Pferde, die voraussichtlich eine Muskelschwäche entwickeln werden, beschrieben (DRIESSEN 2005). WILDERJANS (2008) berichtet von einer Anwendung bei Frakturpatienten, wobei in 54 von 58 Aufwachphasen die Aufstehphase komplikationslos verlief. Außerdem wird sie häufig in Kombination mit anderen Aufstehhilfetechniken angewandt (SULLIVAN et al. 2002; LIECHTI et al. 2003; RAY-MILLER et al. 2006; ELMAS et al. 2007).
Als Vorteile gegenüber der manuellen Aufstehhilfe wird die erhöhte Sicherheit für das Personal und die Möglichkeit mit mehr als zwei Personen Aufstehhilfe leisten zu können genannt (DRIESSEN 2005). In der Literatur aufgeführte Nachteile, sind die nötigen baulichen Veränderungen, das dafür nötige ausgebildete Personal, das Risiko der Nichtakzeptanz der Kopfstrickanbindung und die Gefahr, die Kontrolle über Kopf- oder Schweifstrick durch unsachgemäßes Anlegen zu verlieren (DRIESSEN 2005; RÜEGG et al. 2016). Eine retrospektive Studie über die zehnjährige Nutzung der Kopf- und Schweifstrickanbindung nach Wilderjans in 5854 Pferden konnte allerdings zeigen, dass es nur bei 18 Pferden (0,31 %) leichte Komplikationen wie zum Beispiel eine Lähmung des *N. facialis* oder herausgerissene Schweifhaare auftraten (CHIE NIIMURA et al. 2015). Die Autoren berichten, dass es nur in fünf von den 18 Fällen zu kleinen Komplikationen aufgrund von Fehlern in der Anwendung oder Ausrüstung kam.

2.4.3 Aufhängesysteme (Geschirre)

Nach Literaturangaben wird ein Aufhängesystem nur am stark sedierten oder anästhesierten Pferd verwendet (DRIESSEN 2005). Es gibt verschiedene Geschirrsysteme wie zum Beispiel das Fixationssystem von Liechti (LIECHTI et al. 2003), das Tier–Bergungs- und Transportnetz (FÜRST et al. 2006; KENEL et al. 2016), das Large Animal Sling (PUSTERLA u. MADIGAN 2006) und das Anderson Sling (TAYLOR et al. 2005). Alle arbeiten sie nach einem ähnlichen Prinzip.

Studien zufolge besitzen sie eine gewichtsneutralisierende Funktion und eignen sich deshalb speziell für Risikopatienten (DERUNGS et al. 2001; TAYLOR et al. 2005).

2.4.3.1 Anderson Sling

Ursprünglich war das Anderson Geschirr für eine Langzeitunterstützung von Pferden vorgesehen (TAYLOR et al. 2005). Die Autoren beschreiben eine Methode, wonach es häufig zur Notrettung bei verunglückten Pferden eingesetzt wird, die nur über die Luft gerettet werden können.

Es besteht aus breiten Netzplatten und Kreuzriemen ohne die Atmung zu behindern oder zu viel Druck auf das Abdomen auszuüben. Der Kopf des Pferdes wird vollständig unterstützt. Zudem ist über dem Pferd ein Rahmen montiert, der zusätzlich für Stabilität und Unterstützung sorgt (TAYLOR et al. 2005).

Den Autoren zufolge wird das Pferd sobald es in der Aufwachbox angekommen ist mit Hilfe der Gurte an dem von der Decke hängenden rechteckigen Metallrahmen befestigt und in eine stehende Position angehoben, ohne das Last aufgenommen wird. Sobald das Pferd in der Lage scheint sein eigenes Gewicht zu tragen, wird laut der Autoren das Geschirr immer weiter abgesenkt, bis das Pferd vollständig alle seine Gliedmaßen belastet. Ist der sichere Stand erreicht, soll das Geschirr abgebaut werden. Die Autoren geben eine Erholungszeit von 82 ± 37 Minuten an.

Aufgrund ihrer hebe- und gewichtsneutralisierenden Funktion, eignet sich das Anderson Sling besonders für Pferde mit einem besonderen Aufstehrisiko wie zum Beispiel Frakturpatienten (DERUNGS et al. 2001; TAYLOR et al. 2005). In der Literatur wird angegeben, dass mit Hilfe dieser Methode nach orthopädischen Eingriffen die betroffene Gliedmaße entlastet werden kann, sie Verletzungen, die mit neuronalen und motorischen Dysfunktionen oder Muskelermüdung in Zusammenhang stehen, vorbeugen kann und außerdem bei Pferden hilfreich sein kann, die insgesamt in einer schlechten körperlichen Verfassung sind (DRIESSEN 2005). Da eine Studie zeigen konnte, dass nach Einsatz des Anderson Sling die kardiopulmonale Funktion und die Aufstehqualität verbessert sind, empfiehlt sich zusätzlich der Einsatz bei hypoxischen Pferden (FRANCOIS et al. 2014).

Vorteile des Geschirrs sind der geringere personelle Aufwand (drei Personen), der nötig ist im Vergleich zum Poolsystem, die hohe Akzeptanz bei den Pferden sowie das geringe Risiko Verletzungen, Myopathien und Neuropathien mit dieser Methode zu entwickeln (TAYLOR et al. 2005; ELMAS et al. 2007). Außerdem werden als weitere Vorteile eine exzellente Aufstehqualität und eine kurze Erholungsphase (Abnahme des Geschirrs zehn bis zwölf Minuten nach Erreichen des Standes) genannt (STEFFEY et al. 2009). Weitere Vorteile des Anderson Sling gegenüber anderen Geschirrsystemen sind die Unterstützung des Skeletts, die gleichmäßige Verteilung des Gewichts, die Option das Gewicht unterschiedlich zu verteilen oder eine Gliedmaße komplett zu entlasten sowie die Möglichkeit das Geschirr über längere Zeit auch im Stall anzuwenden (DRIESSEN 2005).

Nachteile des Geschirrs sind zum einen die Größe, da sie nur bis zu einem gewissen Punkt an die Körpermasse anpassbar ist und zum anderen die Schwierigkeit es im Liegen anzubringen (TAYLOR et al. 2005; ELMAS et al. 2007). Als Voraussetzungen für eine mögliche Durchführung werden außerdem die Notwendigkeit eines Kranes, die Kooperativität des Patienten und geschultes Personal genannt (DRIESSEN 2005).

2.4.3.2 Fixationssystem nach LIECHTI et al. (2003)

Das Fixationssystem nach LIECHTI et al. (2003) besteht aus Hängegurten, die mit Hilfe von fünf Elektrozügen und einer Kopf- und Schweifstrickanbindung dem Pferd aus der Seitenlage in den sicheren Stand verhelfen. Dabei war das System der Studie zufolge in 72 % der Fälle komplikationslos anzuwenden, bei 22 % gab es leichte Probleme, in 6 % der Fälle wurde das Gurtsystem nicht toleriert und die Prozedur musste abgebrochen werden. Die Dauer bis zum Erreichen des sicheren Stands wird mit 31 Minuten angegeben (LIECHTI et al. 2003).

2.4.3.3 Tier-Bergungs- und Transportnetz (TBTN)

Das Tier-Bergungs- und Transportnetz ist die Weiterentwicklung des Helikopternetzes Rega und kommt bei schweren neurologischen und orthopädischen Problemen beim Pferd sowohl in der Aufwachbox, im Stall als auch während der Aufwachphase im Pool zum Einsatz (FÜRST et al. 2006).

Einer retrospektiven Studie zufolge trägt die Verwendung dieses Geschirrs neben anderen therapeutischen Maßnahmen zur Verbesserung der Prognose bei Patienten mit Fissuren oder Frakturen des Radius oder der Tibia bei (DERUNGS et al. 2001). Das Tier-Bergungs- und Transportnetz kann über einen längeren Zeitraum genutzt werden, wobei nach Nutzung über einige Wochen oberflächliche Scheuerstellen zu verzeichnen sind (FÜRST et al. 2008). Die Autoren berichten von einer exzellenten Akzeptanz in 85 % der Fälle und von einer Nicht-Akzeptanz in 2 % der Fälle.

2.4.4 Kipptisch

Der Kipptisch ermöglicht eine direkte Lagerung des Pferdes auf dem Operationstisch. Mit Hilfe dieser alten Methode ist es laut ELMAS et al. (2007) möglich, dem Patienten aus der Seitenlage in den sicheren Stand zu verhelfen ohne, dass dafür zahlreiche unkoordinierte Aufstehversuche nötig sind. Bei dem Tilt-Table von ELMAS et al. (2007) handelt sich um das 200Econ Sationary Model, Westwood Co., Ovando, MT. Der Kipptisch ist ausgelegt für bis zu 1250 kg. Das Verändern der Position funktioniert hydraulisch und der Tisch ist am Boden eines dafür speziell ausgerichteten Aufwachraums fest montiert. In vertikaler Position ist der Tisch Bestandteil eines Zwangsstandes, welcher gleichzeitig für Eingriffe im Stehen genutzt werden kann. Die Aufwachphase in linker als auch in rechter Seitenlage ist möglich. Außerdem lassen sich alle Türen des Zwangsstandes öffnen.

Im Allgemeinen sei diese Methode für alle Patienten, die ein höheres Aufstehrisiko besitzen, geeignet (ELMAS et al. 2007). Als solche definieren sie zumeist Patienten, die wegen eines orthopädischen Problems, zum Beispiel Frakturpatienten, einem chirurgischen Eingriff unterzogen wurden.

In der Studie von ELMAS et al. (2007) verliefen 72 % der Aufstehphasen komplikationslos (39 von 54). Genannte Komplikationen sind Myositden und Hautabschürfungen am häufigsten an der Schulter, am Ellbogen und am Hüfthöcker (4 von 54 Aufstehphasen), Teilversagen des Implantats und Bruch des Castes. Ein Pferd musste auf dem Kipptisch eingeschläfert werden, da es sich eine Refrakturierung durch einen Stoß gegen den Metallrahmen der Seitentür zuzog. Bei sechs Pferden scheiterte der Versuch sie mit dem Kipptisch aufzustellen. Von diesen sechs Pferden stand ein Pferd assistiert mittels Kopf- und Schweifstrickanbindung auf, bei fünf Pferden erfolgte die Aufstehphase unassistiert, wovon vier Pferde aufgrund einer Fraktur oder Refrakturierung euthanasiert werden mussten. Sie empfehlen deshalb bei Verbringung der Pferde in eine Aufwachbox, diese assistiert mittels Kopf- und Schweifstrickanbindung aufstehen zu lassen.

Heutzutage findet der Kipptisch in der Pferdeanästhesie kaum noch Anwendung

2.4.5 Pool-Floß System

SULLIVAN et al. (2002) berichten von dem C. Mahlon Kline Orthopedic and rehabilitation indoor anesthetic recovery Pool an der Universität in Pennsylvania, der eine Breite von 6,7 m und eine Tiefe von 3,4 m hat. Das Floß ist ein umgebautes US Navy 6 Mann Rettungsfloß. Bereits vor dem Ablegen wird dem Pferd ein Geschirr locker angelegt. Nach dem chirurgischen Eingriff wird das Pferd sediert bevor es den Operationstisch verlässt, mit Hilfe des Geschirrs hochgehoben und in das Floß abgesenkt. Pferd und Floß werden wiederum gemeinsam in den Pool abgesenkt. Mit Hilfe von zwei Stricken wird der Kopf kontrolliert und auf einem kleinen Floß abgestützt, um Verletzungen oder einer Aspiration von Wasser vorzubeugen. Sobald das Pferd wach genug erscheint oder ein Bein aus dem Floß hebt wird es aus dem Pool gehoben, sollte es aufgeregt wirken wird es nochmal sediert bevor es aus dem Pool gehoben und in eine Aufwachbox verbracht wird. Zum Transport des Pferdes in die Aufwachbox sind sieben mit Helmen ausgestattete Hilfskräfte nötig. Nach Erreichen der Aufwachbox wird das Pferd soweit abgesenkt bis die Hufe gerade den Boden berühren. Zur Unterstützung des sicheren Standes wird dem Pferd eine Kopf- und Schweifstrickanbindung angelegt. Sobald das Pferd selbstständig genügend Gewicht trägt, wird das Geschirr abgebaut und kurz danach wird das Pferd in seine Box geführt. In der retrospektiven Studie von SULLIVAN et al. (2002) werden 471 Aufwachphasen von 393 Pferden aufgeführt. Die Aufenthaltszeit im Pool lag im Durchschnitt bei 70 Minuten und die Aufwachzeit insgesamt lag im Durchschnitt bei 76 Minuten.

Die Autoren setzen das System gezielt bei Pferden ein, die ein erhöhtes Aufstehrisiko besitzen. Dabei handelt sich zumeist um Patienten, die einem schwerwiegenden orthopädischen Eingriff unterzogen wurden. WILDERJANS (2008) nennt in diesem Zusammenhang zum Beispiel erwachsene Patienten mit einer Fraktur der langen Röhrenknochen.

93 % der von SULLIVAN et al. (2002) dokumentierten Aufwachphasen verliefen komplikationslos. Die am häufigsten vorkommende Komplikation war allgemeine Schwäche. Die Mortalitätsrate lag bei 2 %. Ein Pferd von 393 Pferden entwickelte ein Lungenödem durch die Aspiration von Poolwasser.

Als Nachteile dieser Methode sind unter anderem die Kosten für das Gebäude, den Pool, die Instandhaltung, den Gebrauch und das Personal zu nennen (SULLIVAN et al. 2002). Die Autoren führen die Größe des Floßes als limitierenden Faktor für die

Größe des Patienten an. Da es zeit-, kosten- und personalaufwändig ist, wird diese Technik kaum verwendet (WILDERJANS 2008).

2.4.6 Hydro-Pool System

TIDWELL et al. (2002) beschreiben einen beheizten Pool, der 3,66 m lang, 1,22 m breit, 2,59 m tief ist und dessen Wasser gefiltert wird. Nach dem chirurgischen Eingriff wird dem Pferd ein Geschirr angelegt mit Hilfe dessen es soweit in den Pool abgesenkt wird, bis der komplette Körper von Wasser umgeben ist. Eine gesteigerte Aufmerksamkeit, die Abwesenheit von Nystagmus und gezielte Beinbewegungen werden von den Autoren als Anzeichen gesehen, dass das Pferd in der Lage ist sein Eigengewicht zu tragen. Daraufhin wird der Boden in Etappen mit Hilfe einer Hydraulik auf das umgebende Bodenniveau angehoben, sodass das Pferd den Pool verlassen kann. Alle Wundnähte werden zuvor mit einem Cyanoacrylat-Kleber bedeckt und mit einem Verband versehen. Die durchschnittliche Aufenthaltszeit im Pool wird in der Studie von TIDWELL mit 108 Minuten angegeben.

Ursprünglich wurde das System, der Studie zufolge, für Pferde entwickelt, die einem orthopädischen Eingriff unterzogen wurden. Alsbald wurde das System auch für andere Pferde genutzt. Beschrieben wird der mögliche Einsatz bei Pferden, die einer Osteosynthese oder Gelenkarthrodese unterzogen wurden, bei Pferden, die ein hohes Risiko haben sich während der Aufstehphase zu verletztzen, bei einer verlängerten Anästhesiezeit, bei neurologischen Problemen, bei Pferden, die es nicht geschafft haben, in einer herkömmlichen Aufwachbox aufzustehen und bei Pferden mit speziellen Charaktereigenschaften (TIDWELL et al. 2002).

Für alle Poolsysteme gilt, dass sie für Pferde mit einem erhöhten Aufstehrisiko geeignet sind, dazu gehören zum Beispiel Pferde mit Frakturen der langen Röhrenknochen, großen Verletzungen des Weichteilgewebes, neurologischen Erkrankungen, Pferde, die schwierig im Umgang sind oder sich in einer schlechten körperlichen Verfassung befinden (DRIESSEN 2005). Wie Studien zeigen konnten tragen die Poolsysteme signifikant zu einer Reduktion von Verletzungen während der Aufstehphase bei Pferden, die ein erhöhtes Aufstehrisiko besitzen bei (SULLIVAN et al. 2002; TIDWELL et al. 2002; PICEK et al. 2010). Außerdem ist die Möglichkeit einer physikalischen Therapie im Falle des Hydro-Poolsystems beschrieben (TIDWELL et al. 2002).

Von 60 Pferden entwickelten in der Studie zehn ein Lungenödem. Sonstige Komplikationen waren Neuropathien/Myopathien, eine Schwäche der Extensoren beider Hinterbeine, eine Wundinfektion und Phlegmone, Hautabschürfungen, eine septische Arthritis, sowie ein Gesichtsödem und moderates Nasenbluten (TIDWELL et al. 2002). Trotz verschiedener Versuche war es, laut der Autoren nicht möglich, die Wundnähte trocken zu halten. In diesem Zusammenhang konnte in einer anderen Studie, die das Anästhesiemanagement an 50 Pferden im Hydropool untersucht hat, ein erhöhtes Infektionsrisiko der Operationswunde beobachtet werden (PICEK et al. 2010). Allerdings trat in keinem Fall ein postoperatives Lungenödem auf (PICEK et al. 2010). Die sonst häufig auftretenden Lungenödeme nach der Aufwachphase in einem Hydropool sind wahrscheinlich auf den erhöhten extrathorakalen Druck zusammen mit dem gesteigerten Druck in den *Aa. pulmonales* zurückzuführen (RICHTER et al. 2001). Weitere Nachteile dieses Systems sind die Arbeits- und Kostenintensivität, die längere Dauer der Aufwachphase und das die Größe des Pools den limitierenden Faktor für die Größe des Pferdes darstellt (TIDWELL et al. 2002).

2.4.7 Luftkissen

RAY-MILLER et al. (2006) berichten von einem Verfahren für das ein spezielles Luftkissen entwickelt wurde. Die Matratze ist im aufgeblasenen Zustand 45 cm dick und so groß, dass sie den kompletten Boden der Aufwachbox abdeckt. Das Kissen ist über Seile in den Ecken der Aufwachbox fixiert und verfügt über zwei Reißverschlüsse, über die bei Bedarf schnell die Luft abgelassen werden kann.

Das Pferd wird nach dem chirurgischen Eingriff in Seitenlage in die Aufwachbox auf ein Kissen gelegt, was anschließend über ein Gebläse aufgeblasen wird. Sobald das Pferd drei oder vier offensive Aufstehversuche wagt, werden die beiden Reißverschlüsse geöffnet, sodass die Luft entweichen kann. Das Kissen verhindert zunächst das Rollen in die Sternallage. Es verlängert die Zeit bis zur ersten Aktivität, bis zum ersten Versuch in die Sternallage zu rollen, verschiebt den Zeitpunkt des Erreichens der Sternallage, den Zeitpunkt des ersten Aufstehversuchs und den Zeitpunkt des Erreichens des sicheren Stands im Gegensatz zu der Aufwachphase der Pferde, die konventionell aufstehen, nach hinten.

Der mögliche Einsatz dieser Methode ist beschrieben für nicht gut trainierte Pferde, für nervöse und aufgeregte Pferde, für Pferde nach einer verlängerten

Anästhesiedauer und für Pferde, bei denen eine Muskelschwäche zu erwarten ist, (DRIESSEN 2005). Außerdem kann das Luftkissen in Kombination mit einer Kopf- und Schweifstrickanbindung zum Beispiel für Frakturpatienten genutzt werden (RAY-MILLER et al. 2006).

Laut RAY-MILLER et al. (2006) brauchen die Pferde, die mit Hilfe des Kissens aufstehen vergleichsweise mehr Versuche, um die Sternallage zu erreichen, aber weniger Aufstehversuche. 64 % der Tiere erreichten mit einem Versuch den sicheren Stand. Der durchschnittliche Score für die Qualität des Aufstehverhaltens war vergleichsweise besser, der Score zur Beurteilung der Aufwachphase insgesamt unterschied sich allerdings nicht zwischen den einzelnen Gruppen. Von den Autoren genannte Vorteile der Methode sind der geringe finanzielle und personelle Aufwand, der bessere Stand und eine Reduktion von Verletzungen während der Aufstehphase. Außerdem werden eine verbesserte Aufstehqualität durch die Vorbeugung verfrühter Aufstehversuche, eine fehlende Gefährdung für das Personal und, dass kein dafür speziell ausgebildetes Personal nötig ist, als Vorteile genannt (DRIESSEN 2005). RAY-MILLER et al. (2006) nehmen an, dass durch das Kissen eventuell schmerzhafte Druckpunkte verhindert werden, die in verfrühten Aufstehversuchen münden könnten und dass die Lautstärke des Gebläses die Umgebungslautstärke vermindert. Allerdings unterscheiden sich in der Studie weder die Anzahl des Auftretens von Verletzungen, noch die Anzahl der Notwendigkeiten für eine Intervention der Aufwachphase durch das Personal im Vergleich zu den konventionellen Aufstehphasen (RAY-MILLER et al. 2006).

Als Nachteile nennt DRIESSEN (2005) die Notwendigkeit des Abnehmens der Hufeisen und die Kosten für das Gebläse und das Luftkissen.

2.5 Beurteilung der Qualität der Aufstehphase

Es gibt zahlreiche unterschiedliche Studien, die sich mit der Bewertung der Aufwachphase befasst haben. Jedoch gibt es kein Standardprotokoll zur Bewertung der Aufstehphase beim Pferd, weshalb die objektive Beurteilung und der Vergleich der Aufwachphasen aus verschiedenen Studien schwierig sein können. Im Folgenden werden beispielhaft ein paar Bewertungsschemata vorgestellt.

In einer Studie wurden die Aufwachphasen nach einer Sevoflurananästhesie und einer Isoflurananästhesie mit und ohne postanästhetischer Sedation verglichen (MATTHEWS et al. 1998). Zur Beurteilung der Aufwachphasen wurden zwei verschiedene Bewertungsschemata verwendet. Ein numerisches Schema zur subjektiven Beurteilung der Aufstehphase zwischen 1 und 6, wobei 1 Punkt die beste und 6 Punkte die schlechteste Aufwachphase darstellten. Zusätzlich ging zehn Minuten nach Erreichen des sicheren Standes eine Bewertung der Koordination mit 1 Punkt für die beste und 2 Punkten für die schlechteste Koordination mit in den Score ein.

Zusätzlich wurden die Zeiten bis zur ersten Bewegung, zur Extubation, zum Erreichen der Sternallage, zum Erreichen des sicheren Standes, die Anzahl der Aufstehversuche und die Zeit bis zum Verlassen der Aufwachbox festgehalten. Dabei wurde die Zeit des Ausstellens des Verdampfers als Zeitpunkt null gewertet (MATTHEWS et al. 1998).

In einer weiteren Studie in der die Aufwachphase nach Halothan- und Isoflurananästhesien verglichen wurde, wurden ebenfalls zwei Bewertungsschemata verwendet (DONALDSON et al. 2000). Das eine Bewertungsschema („total recovery conditions score") setzt sich zusammen aus einem Score, der den Status des Pferdes bei Erreichen der Aufwachbox festhält und einem Score, der die Umwelt in und um die Aufwachbox festhält. Dabei werden die Positionierung des Pferdes in der Aufwachbox und die Lautstärke beurteilt (DONALDSON et al. 2000). Für den Status des Pferdes, der anhand des Palpebralreflexes beurteilt wird, können maximal 4 Punkte vergeben werden. Für die Umwelt und Lautstärke können maximal 3 Punkte vergeben werden. Sodass durch Addition 2 Punkte für die bestmöglichen Bedingungen und 7 Punkte für die schlechtesten Bedingungen vergeben werden können. Das zweite Bewertungsschema umfasst zehn Punkte zur Bewertung der Zeitspanne vom Erreichen der Aufwachbox bis zum Erreichen des sicheren Stands, wobei für jeden Punkt maximal zehn Punkte vergeben werden können, sodass 10 Punkte die bestmögliche Aufstehphase darstellen. Dabei ist die Punktzahl der schlechtesten Aufstehphase abhängig von der Anzahl an Versuchen des Pferdes die Sternallage zu erreichen und abhängig von der Anzahl der Aufstehversuche. Als Versuch, die Sternallage zu erreichen, werteten die Autoren die Momente in denen das Pferd seinen Kopf über das Niveau des Ellbogens anhob und seine Beine ausstreckte, um von der Seiten- in die Sternallage zu rollen (DONALDSON et al. 2000). Als Aufstehversuch werteten sie den Moment, in dem deutlich zu erkennen war, dass das Sternum angehoben wird und dass das Pferd versucht, sich mit allen vier Füßen vom Boden abzudrücken (DONALDSON et al. 2000). Dieses

Bewertungsschema wurde von erfahrenen Anästhesisten allerdings als teilweise mehrdeutig und unangemessen beurteilt (SUTHERS et al. 2011).

CLARK-PRICE et al. (2008) untersuchten den Einfluss von Licht auf die Aufwachphase bei Pferden nach Allgemeinanästhesie und verwendeten zur Beurteilung der Aufwachphase eine Modifikation der Scoringsysteme nach MATTHEWS et al. (1998) und nach DONALDSON et al. (2000). Das Bewertungsschema umfasst elf Kategorien (Aktivität in Seitenlage, die Art des Aufrichtens in Sternallage, die Sternalphase, die Art und Weise der Aufstehversuche, die Standfestigkeit, die Anzahl der Aufstehversuche, die Balance und Koordination, das Umknicken im Fesselgelenk, den Gesamteindruck und die Erholung insgesamt) (Tab. 4). Für insgesamt neun Kategorien können jeweils bis zu zehn Punkte, in zwei Kategorien können jeweils bis zu fünf Punkte, vergeben werden. Daraus ergibt sich, dass die Gesamtpunktzahl für die beste Aufstehphase bei elf liegt, im schlechtesten Fall, kann eine Gesamtpunktzahl von hundert erreicht werden.

Ergebnisse der Studie konnten zeigen, dass eine hohe Übereinstimmung zwischen den Beobachtern bestand, weshalb die Autoren schlussfolgerten, dass das Bewertungsschema einfach zu verstehen ist und als gute Methode angesehen werden kann, um eine Beurteilung der Aufwachphase vorzunehmen (CLARK-PRICE et al. 2008).

3 Material und Methode

3.1 Patientenauswahl

Es wurden ausschließlich Pferde ausgewählt, die einem elektiven Eingriff in Allgemeinanästhesie in der Pferdeklinik Bargteheide unterzogen wurden und basierend auf einer klinischen Allgemeinuntersuchung dem ASA-Grad 1 oder 2 zugeordnet werden konnten. Wenn die Pferde eine Lahmheit aufwiesen, war diese maximal deutlich geringgradig (Lahmheitsgrad 2 aus 5). Ausschlusskriterium war ein Lahmheitsgrad höher als 2. Die Pferde wurden unabhängig von Geschlecht, Rasse, Alter und geschätztem Gewicht in die Studie eingeschlossen. Der limitierende Faktor für die minimale Größe des Patienten war die Größe des Halfters. Alle Probanden, deren Kopfgröße nicht ausreichend für die Größe des verstellbaren Halfters war, wurden von der Studie ausgeschlossen (Kap. 3.3.11).

Die Patientenbesitzer wurden darüber aufgeklärt, dass die Aufstehphase überwacht wird und gaben mit ihrer Unterschrift ihr Einverständnis ab.

3.2 Gruppeneinteilung der Patienten

Die Probanden wurden nach Art des Eingriffs in 4 Gruppen eingeteilt (Tab. 1).

Tab. 1: Gruppeneinteilung (OP 1-4) nach Art des Eingriffs

Gruppe	Art des Eingriffs
OP 1	Arthroskopien/Tendovaginoskopien/Fesselringband-Desmotomien
OP 2	Kastrationen/Kryptorchidektomien/Samenstrangfistelektomien
OP 3	Griffelbein-Amputationen und sonstige orthopädische Eingriffe
OP 4	Operationen am Kopf (Vitrektomien etc.)

Wurde ein Pferd häufiger als einmal einer Allgemeinanästhesie unterzogen, wurden nur die ersten zwei Aufstehphasen gemessen um den Einfluss eines, möglichen in einer Studie beobachteten, Lerneffekts ausschließen zu können (VALVERDE et al. 2013).

Mittels Würfelentscheid wurden die Probanden der Gruppen OP 1-4 randomisiert in zwei Untergruppen eingeteilt. Während in der Gruppe A die Pferde mit einer Kopf- und Schweifstrickanbindung assistiert wurden, erfolgte in der Gruppe O die Aufstehphase ohne Assistenz.

Je nachdem welches Gelenk arthroskopiert wurde, wurden die Pferde in der Operationsgruppe 1 in Rücken- oder in Seitenlage gelagert (Tab. 2).

Tab. 2: Anzahl der Probanden in der Operationsgruppe 1 sortiert nach Gruppe A und Gruppe O und nach der Lagerung. RL = Rückenlage; SL = Seitenlage

	RL	**SL**
Insgesamt	76	114
Gruppe A	37	58
Gruppe O	39	56

3.3 Versuchsaufbau

3.3.1 Narkosevoruntersuchung und Beurteilung des Charakters

Bei allen Patienten erfolgte vor der Allgemeinanästhesie eine klinische Allgemeinuntersuchung. Die Pferde wurden als klinisch gesund befunden und dem ASA Status 1 oder 2 zugeordnet. Wenn sie eine Lahmheit aufwiesen, waren sie maximal Grad 2 von 5 (deutlich geringgradig) lahm. Zusätzlich wurde ihr Charakter mittels eines modifizierten Scoringsystems (Tab. 3) (VALVERDE et al. 2013) protokolliert. Der originale Score nach VALVERDE et al. (2013) befindet sich im Anhang 2.

Tab. 3: Modifikation des Charakter-Scoringsystems nach VALVERDE et al. (2013)

Kategorie	Beschreibung
1	Ruhig, Einbringen des Katheters und Vorbereitung des Operationsbereichs unter Sedation möglich
2	Nervös, Einbringen des Katheters und Vorbereitung des Operationsbereichs unter Sedation möglich, aber schwierig
3	Gefährlich und nervös, Sedation für alle Handlungen, Vorbereitung des Operationsbereichs meist nicht im Vorfeld möglich

3.3.2 Gewichtsbestimmung

Das Gewicht wurde geschätzt, wobei die Schätzung des Anästhesisten für die Dosisberechnung der Medikamente maßgeblich war. Zusätzlich wurde das Körpergewicht in kg unter zur Hilfenahme der Formel nach CARROL und HUNTINGTON (1988) ermittelt:

$$\frac{(\text{Brustumfang}^2\ (\text{cm})\ \text{x Körperlänge (cm)})}{11900}$$

Gemessen wurde dabei zum einen der Brustumfang in dem ein Maßband am Beginn des Widerristes angelegt wurde, einmal um den Thorax gelegt wurde und direkt hinter dem Ellbogenhöcker *(Tuber olecrani)* endete, wobei die Messung bei maximaler Exspiration erfolgte. Zum anderen wurde die Körperlänge als Abstand von der Bugspitze *(Tuberculum majus humeri)* zum Sitzbeinhöcker *(Tuber ischiadicum)* gemessen (CARROLL u. HUNTINGTON 1988).

3.3.3 Medikation/Sedation

Zweimal täglich, beginnend am Morgen vor dem chirurgischen Eingriff, erhielten die Patienten der OP 1-4 Trimethoprim 120 mg/g und Sulfadiazin 600 mg/g in einer Dosierung von 30 mg/kg KGW per os (Synutrim® 72 % Pulver, Vetoquinol, Ravensburg). Die Patienten der OP 4, die einer Laryngoplastik und Stimmtaschenexstirpation unterzogen wurden, erhielten zusätzlich einmal täglich Gentamicin in der Dosierung von 6,6 mg/kg KGW intravenös (Genta 100 mg/ml, CP-Pharma Handelsgesellschaft mbH, Burgdorf). Die Antibiotikagabe wurde je nach

Indikation, allerdings mindestens drei Tage fortgesetzt. Vor der Operation erhielten die Pferde Flunixin-Meglumin in der Dosierung 1,1 mg/kg KGW intravenös (Flunidol® RPS 50 mg/ml, CP-Pharma Handelsgesellschaft mbH, Burgdorf). Je nach Schlachttierstatus erhielten die Pferde am Abend nach dem Eingriff und an den darauffolgenden Tagen einmal täglich Phenylbutazon in der Dosierung 4,4 mg/kg KGW per os (Phenylbutariem®, L-A-W Services GmbH, Leipzig) oder zweimal täglich Flunixin-Meglumin in der Dosierung von 1,1 mg/kg KGW per os (Flunidol® 5 %, CP-Pharma Handelsgesellschaft mbH, Burgdorf). Je nach Zustand des Patienten wurde die Dosierung für einige Tage aufrechterhalten und dann reduziert.

Alle Patienten wurden zunächst mit Detomidin 10-30 µg/kg KGW intravenös (Detogesic 10 mg/ml®, Zoetis Deutschland GmbH, Berlin) in ihrer Box sediert. Im Anschluss wurde, je nach Kooperativität des Patienten, das Fell über dem Operationsbereich geschoren. War dies am stehenden Pferd nicht möglich, wurde die Operationsstelle erst in Allgemeinanästhesie entsprechend geschoren, gewaschen, entfettet und desinfiziert.

3.3.4 Venenverweilkatheter

Bei allen Pferden wurde vor der Allgemeinanästhesie ein Venenverweilkatheter (Daycath®-Short Term: 1402, Mila, Erlanger, Kentucky, USA) in die *V. jugularis dextra* gelegt. Nur wenn das Pferd innerhalb des letzten halben Jahres in der hiesigen Klinik einen Venenverweilkatheter bekommen hatte, wurde die Seite gewechselt. Pferde, bei denen eine Laryngoplastik und eine Stimmtaschenexstirpation durchgeführt wurden, erhielten einen Venenverweilkatheter (Milacath®-Extended Use: 1403, Mila, Erlanger, Kentucky, USA) in die *V. jugularis sinistra*, der, einige Tage über die Allgemeinanästhesie hinaus, in der Vene belassen wurde. Vor dem Einbringen des Katheters wurde das Fell über der Punktionsstelle geschoren, die Haut mit einer desinfizierenden, antiseptischen Seife (Octenisan®, antimikrobielle Waschlotion, Schülke & Mayr GmbH, Norderstedt) gewaschen und mit einem Hautantiseptikum (Cutasept® F, Haut-Desinfizienz, Bode Chemie GmbH, Hamburg) desinfiziert. Der Venenverweilkatheter wurde mit drei Hautheften (Supramid white Pseudomonofilament, nicht resorbierbar, 4 Metric, SMI, St. Vith, Belgien) fixiert und direkt nach dem Aufstehen noch in der Aufwachbox entfernt.

3.3.5 Prämedikation

Nach dem Ausspülen der Maulhöhle, wurden die Pferde in die Ablegebox verbracht. Diese war rundherum mit Matten gepolstert. Der Boden in der Ablegebox bestand aus rutschfestem Gummiboden.
Alle Patienten erhielten hier Xylazin in einer Dosierung von 0,6-1,0 mg/kg KGW intravenös (Xylariem 2 %®, Ecuphar GmbH, Greifswald) und Levomethadon in einer Dosierung von 0,05 mg/kg KGW intravenös (L-Polamivet 2,5/1,25 mg/ml®; Intervet, Unterschleißheim). Ausgenommen von diesem Regime waren Patienten, die zur Kastration vorgestellt wurden. Diese Pferde erhielten kein Levomethadon, aber 0,2-0,3 mg/kg KGW intravenös mehr Xylazin. Erschien der Patient ausreichend sediert, wurde ein mit einem Karabinerhaken versehenes Seil, welches über eine an der Frontseite der Ablegebox befestigte Umlenkrolle geleitet wurde, um den Nasenriemen des Halfters gelegt. Die Induktion erfolgte mittels 0,04 mg/kg KGW Diazepam (Diazepam - ratiopharm® 10 mg/2 ml Injektionslösung, ratiopharm GmbH, Ulm) intravenös und Ketamin in der Dosierung 2–3 mg/kg KGW intravenös (Ursotamin 100 mg/ml®, Serumwerk Bernburg AG, Bernburg; Ketamin 100 mg/ml®, CP-Pharma Handelsgesellschaft mbH, Burgdorf). Das Ablegen der Pferde erfolgte frei in der Ablegebox. Die Probanden wurden lediglich mit einem Kopfstrick an der Boxenwand fixiert. Nach dem Ablegen wurde der Patient mittels Beinschlaufen in einen Kran gehängt und auf dem Operationstisch gelagert.

3.3.6 Lagerung der Patienten

Die Patienten wurden entsprechend des Eingriffs in Seiten- oder Rückenlage verbracht. Wenn der Patient in Seitenlage verbracht werden musste, wurde das untere Vorderbein nach vorne gezogen um die Region des *N. radialis* zu entlasten. Das obere Hinterbein wurde in eine Beinstütze gelegt. Wurde der Patient in Rückenlage verbracht, wurde eine Halterung zur Fixation der Vorderbeine in den vorderen Teil des Operationstisches eingesteckt und die Vorderbeine wurden Überkreuz mittels Karabinerhaken in diesen eingehängt. Die Hinterbeine wurden jeweils mit einem Beinständer fixiert. Bei den Tarsalgelenk-Arthroskopien und Kniegelenk-Arthroskopien wurde die entsprechende Hintergliedmaße über eine Beinschlaufe in einen Kran gehängt.

3.3.7 Erhaltung der Narkose, begleitende Maßnahmen

Schon während der Lagerung wurde der Patient an eine Infusion angeschlossen. Zunächst erfolgte die Narkoseerhaltung mit einem Triple Drip, bestehend aus 37,5 mg Guaifenesin (Myolaxin 15 %®, Vetoquinol GmbH, Ravensburg), 750 mg Ketamin und 300 mg Xylazin in einem Gesamtvolumen von 500 ml isotonischer Kochsalzlösung. Initial erhielten die Pferde innerhalb der ersten zehn Minuten 1 ml/kg/h, im Anschluss etwa 0,3 ml/kg/h. Zusätzlich wurden eine Ringer-Infusionslösung in einer Geschwindigkeit von 5 ml/kg/h sowie Dobutamin (Dobutamin Carino 250 mg/50 ml Infusionslösung, Carinopharm, Elze) in einer Dosierung von 0,5 µg/kg/Min verabreicht. Nach orotrachealer Intubation wurden die Pferde an ein Großtiernarkosegerät (Veterinary Technics Int./BDO Medipass, Katwijk, Niederlande) angeschlossen und assistiert beatmet (Smith Respirator, Typ LA 2100+, Modell 2002, Veterinary Technics Int./BDO Medipass, Katwijk, Niederlande). Nach dem Anschließen an das Narkosegerät erfolgte die Narkoseaufrechterhaltung mit Isofluran (Isothesia 1000 mg/g®, Henry Schein, Hamburg; Isofluran CP 1 ml/ml®, CP-Pharma Handelsgesellschaft mbH, Burgdorf) verdampft in reinem Sauerstoff in Kombination mit dem Triple Drip in der oben genannten Dosierung. Zu Beginn wurde eine Isoflurankonzentration von 3,5 Volumenprozent (Vol %) am Verdampfer (Isotec 5, Datex Ohmeda GmbH, Duisburg) und ein Sauerstofffluss von 4 l/Min eingestellt. Sowohl die Isoflurankonzentration als auch die Triple Drip-Infusionsrate wurden entsprechend der notwendigen Narkosetiefe angepasst. Der Triple Drip wurde etwa eine halbe Stunde vor Narkoseende ausgestellt.

3.3.8 Narkoseüberwachung

Die Überwachung der klinischen Parameter erfolgte anhand der kapillären Rückfüllungszeit, der Farbe der Schleimhäute sowie der Puls- und Atemfrequenz. Die Beurteilung der Narkosetiefe erfolgte anhand der Auslösbarkeit des Lidreflexes und der Bulbusstellung.

Das Monitoring der Vitalparameter während der Allgemeinanästhesie erfolgte mit Hilfe eines Pulsoxymeters (Henry Schein®, Henry Schein Inc., New York, USA). Dabei wurde der Transmissionssensor mit einer kommerziellen Klammer an der Zunge angebracht. Die exspiratorische Kohlenstoffdioxidkonzentration (E_TCO_2)

wurde mit Hilfe eines Kapnographen (Microcap™ Handheld Capnograph, Medtronic, Minneapolis, USA) ermittelt.

In zehnminütigen Abständen wurden die klinischen Parameter, die mittels der Monitore ermittelten Vitalparameter, die Verdampfereinstellung sowie die Einstellungen am Respirator (Volumen und Druck) im Rahmen der Narkoseüberwachung protokolliert.

Bei spontaner Bewegung erhielten die Pferde Xylazin (0,04-0,08 mg/kg KGW intravenös), konnte keine Beruhigung des Patienten erreicht werden, wurde ein Ketamin-Bolus (0,2-0,5 mg/kg KGW intravenös) verabreicht.

3.3.9 Aufwachbox

Nach Beendigung der chirurgischen oder diagnostischen Maßnahmen wurde der Verdampfer ausgestellt und der Zeitpunkt des Narkoseendes festgehalten. Danach wurden die Pferde in eine, mit Matten an den Wänden gepolsterte und mit Holzspänen eingestreute, Aufwachbox, die 2,30 m lang und 2,36 m breit war, verbracht. Alle Patienten wurden diagonal in die Aufwachbox gelegt. Das Maulgatter wurde gegen einen Maulkeil ausgetauscht und der Tubus wurde entblockt. Die Patienten erhielten Xylazin (0,2-0,33 mg/kg KGW intravenös) in der Aufwachbox, sobald sie einen Nystagmus zeigten. Sobald der Patient schluckte oder ein Ohr oder die Beine bewegte, wurden der Endotrachealtubus und der Maulkeil entfernt.

3.3.10 Überwachung des Patienten nach Extubation

Zur objektiven Beurteilung der Dauer und der Qualität der Aufstehphase wurden der Zeitpunkt der ersten Aktivität, der Zeitpunkt des Erreichens der Sternallage, die Dauer der Sternalphase, der Zeitpunkt des ersten Aufstehversuchs und der Zeitpunkt des Erreichens des sicheren Standes in Minuten ab Narkoseende festgehalten. Dies war der Zeitpunkt nach dem es nicht mehr zu einem Umfallen des Pferdes kam. In Anlehnung an das Vorgehen von DONALDSON et al. (2000) wurde jedes Heben des Kopfes über das Niveau des Ellbogens und das Ausstrecken der Beine als Versuch in Sternallage zu kommen und das Anheben des Sternums und aller vier Gliedmaßen als Aufstehversuch gewertet. Die Sternalphase wurde als vorhanden beurteilt, wenn die Pferde sich mindestens eine halbe Minute in dieser Position befanden. Darüber hinaus wurden die Aufstehversuche gezählt. Zudem wurde die

Aufwachphase aller Patienten mit Hilfe einer Recovery Quality Scale (Tab. 4) (CLARK-PRICE et al. 2008) ausgewertet. Die Recovery Quality Scale bestand aus insgesamt 11 Kategorien mit jeweils drei bis sechs Auswahlmöglichkeiten, für die 1 bis 10 Punkte vergeben wurden (Tab. 4). Dabei stellten 11 Punkte die bestmögliche und 100 Punkte die schlechtestmögliche Aufstehphase dar.

Tab. 4: Recovery Quality Scale (100-point scale) nach CLARK-PRICE et al. (2008)

Nr.	Punktzahl	Beschreibung/maximale Punktzahl
1		**Aktivität in Seitenlage (5)**
	1	ruhig, gelegentliches Strecken, Anheben des Kopfes
	3	angespannt
	5	strampelnd
2		**Aufrichten in Sternallage (10)**
	1	sanft, planmäßig
	5	überstürzt, aber kontrolliert
	10	zusammenbrechen, hinfallen
3		**Anzahl der Aufrichtversuche in Sternallage (10)**
	1	0-1
	3	2
	5	3
	7	4
	8	5
	10	>5
4		**Sternalphase (10)**
	1	organisierte Pause
	3	nicht existent
	6	verlängert
	7	multiple Sternalphasen
	10	starke Bemühungen um Sternalphase aufrecht zu erhalten
5		**Aufstehversuche (10)**
	1	planmäßig
	3	organisiertes Krabbeln

	6	benutzt Wand als Stütze
	10	wiederholte Versuche aufgrund von Schwäche
6		**Standfestigkeit (10)**
	1	fast vollständig
	3	leicht wackelig
	6	hundesitzig bevor Stand erreicht
	10	wiederholte Versuche aufgrund von Schwäche
7		**Anzahl der Aufstehversuche (10)**
	1	1
	3	2
	5	3
	7	4
	8	5
	10	>5
8		**Balance und Koordination (10)**
	1	solide
	3	moderates Schwanken
	5	reflexartig
	8	torkelnd
	10	fällt wieder hin
9		**Umknicken im Fesselgelenk (5)**
	1	nicht zu beobachten
	2	nur Hintergliedmaßen - mild
	3	nur Hintergliedmaßen - deutlich
	4	alle vier Gliedmaßen moderat
	5	exzessiv, verlängert
10		**Gesamteindruck (10)**
	1	ruhig
	3	ruhig/entschlossen
	5	ängstlich
	7	konfus, benommen
	8	aufgebracht
	10	rasend/wild

11		**Erholung insgesamt (10)**
	1	ausgezeichnet
	3	gut
	5	ausreichend
	7	mangelhaft
	10	ungenügend

3.3.11 Die Aufstehhilfe

Wenn die Pferde nach Würfelentscheid der Gruppe A zugeteilt wurden, wurde ihnen bei Erreichen der Aufwachbox ein spezielles Halfter angelegt (Abb. 1). Bei diesem Lederhalfter waren sowohl das Genickstück als auch der Nasen- und Kehlriemen verstellbar. Alle Schnallen und Metallstücke waren gepolstert. Die Größe des Polsters für die Backenstücke betrug 35,0 x 7,5 x 2,5 cm (Länge x Breite x Tiefe). Der Nasenriemen war doppelt unterlegt.

Abb. 1: Halfter für die Aufstehhilfe

Am Nasenriemen wurde ein Karabinerhaken mit Verriegelung eingehakt (Abb. 2).

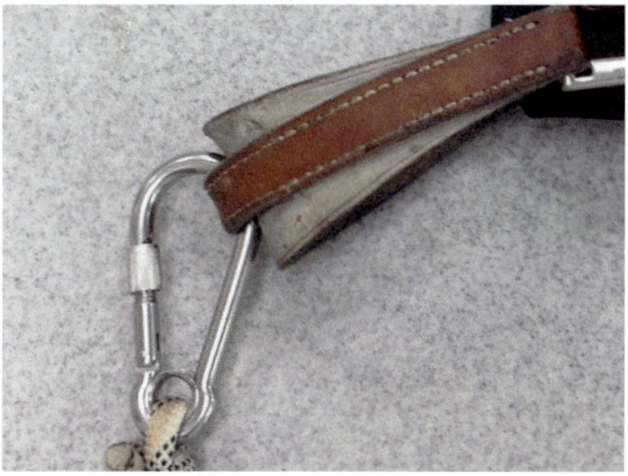

Abb. 2: Karabinerhaken mit Verriegelung

An diesen Karabinerhaken war ein Seil (Beal Contract Statikseil, 10,5 mm, Seiltechnik Hannover) geknotet. Das gleiche Seil wurde auch für den Schweifstrick verwendet. Beide Seile waren jeweils 9,5 m lang. Der Schweifstrick wurde nach Erreichen der Aufwachbox am Schweif mittels eines Schweifknotens befestigt (Abb. 3a-h). Zunächst wurde das Ende der Schweifrübe aufgesucht (Abb. 3a). Danach wurde in einem handbreitgroßen Abstand unter dem Ende der Schweifrübe der Schweifstrick von rechts nach links über den Schweif gelegt (Abb. 3b). Anschließend wurde der Schweif nach proximal umgeschlagen (Abb. 3c). Danach wurde das rechte, kurze Ende des Stricks von rechts kaudal über links nach kranial geführt (Abb. 3d).

Abb. 3a

Abb. 3b

Abb. 3c

Abb. 3d

Abb. 3 (a-d): Knotentechnik Teil 1: Dargestellt sind das Aufsuchen der Schweifrübe (3a), die Platzierung des Schweifstricks (3b), das Umschlagen des Schweifs nach proximal (3c) und das Führen des Seils über die kaudale Seite (3d).

Nach Führen des Seils um den Schweif endete das kurze Ende des Stricks auf der rechten Seite (Abb. 3e). Mit dem kurzen Ende wurde eine Schlaufe gebildet, die durch das lange Ende gezogen wurde (Abb. 3f). Anschließend wurde der Knoten zunächst ein wenig an der kurzen Schlaufe festgezogen (Abb. 3g), um ein Abrutschen des Schweifknotens zu vermeiden. Zur Festigung des Schweifknotens wurde an dem langen Ende des Stricks gezogen (Abb. 3h).

Abb. 3e

Abb. 3f

Abb. 3g

Abb. 3h

Abb. 3 (d-h): Knotentechnik Teil 2: Dargestellt sind das Umschlagen des Seils nach kranial (3e), das Durchziehen der Schlaufe (3f), die Festigung der kleinen Schlaufe (3g), die Festigung des Schweifknotens (3h).

Im Anschluss wurden die Seile des Kopfs- und des Schweifstricks jeweils durch die, an den Wänden der Aufwachbox angebrachten, Ringe (Abb. 4) geführt, um eine gleichmäßige und direkte Zugrichtung zu erreichen. Dafür wurden jeweils die diagonal gegenüberliegenden Haken gewählt. Vor Versuchsbeginn wurden die Vorrichtungen für die Kopf- und Schweifstrickanbindung nach dem Vorbild der Vorrichtungen in der Aufwachbox der Klinik für Pferde der Stiftung Tierärztliche Hochschule Hannover montiert. Die Platten auf der die Ringe (Abb. 4) angebracht waren, wurden auf einer Höhe von 250,5 cm montiert.

Abb. 4: Eine Platte von insgesamt 4 Platten mit Ringen, die als Führung für den Kopfstrick und den Schweifstrick fungierten.

Die Kosten für das Halfter, die Seile, für das Material und für die Montierung der Wandringe beliefen sich auf insgesamt 593,00 €.
Während der Durchführung der Aufstehhilfe wurden rutschfeste Handschuhe getragen. Die Aufstehhilfe wurde immer von zwei Personen durchgeführt wobei nur in Ausnahmefällen eine dritte Person zur Unterstützung der Person am Schweifstrick hinzugerufen wurde. Die Person am Kopf wurde durch eine dreiwöchige Hospitanz in der Anästhesie der Pferdeklinik der Tierärztlichen Hochschule Hannover auf die Versuchsdurchführung vorbereitet. Die Person am Schweifstrick variierte je nach Verfügbarkeit und hatte meist keinerlei Erfahrung.
Sobald der Patient einen Aufstehversuch unternahm, wurde der Kopfstrick angezogen, um das Pferd zu lenken. Gleichzeitig wurde der Schweifstrick angezogen, um das Pferd in der Längsachse zu stabilisieren und ein Ausbrechen zu vermeiden. Nachdem das Pferd den sicheren Stand erreicht hatte, wurde zuerst der Schweifstrick gelöst. In einem kurzen zeitlichen Abstand wurde das Halfter

abgenommen und gegen ein Stallhalfter ausgetauscht. Die Zeitpunkte der Abnahme wurden dokumentiert. Der Venenverweilkatheter wurde meist noch in der Aufwachbox entfernt und das Pferd wurde wieder zurück in seine Box verbracht.

3.3.12 Untersuchung post operationem

Die Patienten wurden unmittelbar und einen Tag nach der Allgemeinanästhesie allgemein untersucht. Dabei wurden neben der Köperhaltung, dem Verhalten, der Atemfrequenz, der Rektaltemperatur, der Herzauskultation, dem Zustand der Halsvenen auch offensichtliche Verletzungen, die während der Aufstehphase entstanden sind sowie Myo- oder Neuropathien protokolliert.

3.4 Statistik

Die Daten wurden auf Normalverteilung mit dem Kolmogorov-Smirnov-Test und mit visueller Beurteilung der q-q Plots der Modellresiduen überprüft. Rechtsschief verteilte Daten wie die Dauer der Sternalphase, die Anzahl der Aufstehversuche und die Aufstehqualität konnten durch Logarithmieren in normalverteilte Stichproben überführt werden. Nach der Analyse mit den logarithmierten Daten wurden die Ergebnisse nach exponentieller Retransformation in der originalen Skalierung dargestellt.

Von allen Parametern wurde eine deskriptive Statistik erstellt. Verteilungsabhängig wurden der arithmetische Mittelwert mit Standardabweichung sowie der Median mit 5 und 95 % Perzentilen mit Minimum und Maximum angegeben.

Mit Hilfe einer multiplen linearen Regression wurde berechnet, ob Alter, Rasse, geschätztes Gewicht, Narkosedauer oder die Operationsdauer Einfluss auf die „erste Aktivität nach Narkoseende“, das „Erreichen der Sternallage nach Narkoseende“, die „Dauer der Sternalphase“, den „Zeitpunkt des ersten Aufstehversuchs“, die Anzahl der Aufstehversuche, das „Erreichen des sicheren Standes“ und auf die Qualität der Aufstehphase für Aufstehphasen mit und ohne Aufstehhilfe haben. Außerdem wurde der Einfluss der Lagerung innerhalb der Operationsgruppe 1 mittels T-Test sowie der Einfluss des Charakters und der Aufstehhilfe mit einer zweifaktoriellen Varianzanalyse unter Berücksichtigung der Interaktion für alle sieben Zielparameter überprüft.

Der Einfluss von Operationsgrund, Aufstehhilfe, Rasse und Geschlecht auf die „erste Aktivität nach Narkoseende“, das „Erreichen der Sternallage nach Narkoseende“, die „Dauer der Sternalphase“, den „Zeitpunkt des ersten Aufstehversuchs“, die „Anzahl der Aufstehversuche“, das „Erreichen des sicheren Standes“ und auf die Qualität der Aufstehphase wurden, unter Berücksichtigung der stetigen Merkmale Alter und Gewicht als Kovariate, in einer 4-faktoriellen Kovariananalyse unter Berücksichtigung der Interaktion berechnet. Nach Elimination des nicht signifikanten Effekts Geschlecht aus dem linearen Modell wurde eine dreifaktorielle Kovarianzanalyse mit post hoc Tukey für multiple paarweise Vergleiche berechnet.

Der Einfluss der Aufstehhilfe auf die Anzahl der besonderen Vorkommnisse (Verletzungen und Todesfälle) sowie die intraoperative Gabe von Xylazin und/oder Ketamin wurden für mit und ohne Aufstehhilfe mit dem exakten Test nach Fisher berechnet.

Die Übereinstimmung zwischen geschätztem und berechnetem Gewicht wurde mit einer Korrelationsberechnung nach Pearson geprüft, sowie die Übereinstimmung nach Bland-Altmann berechnet.

Die Daten wurden mittels des Statistik-Programmpakets SAS, Version 9.3 (SAS Institute, Cary, North Carolina, USA) ausgewertet. Dabei wurde ein Signifikanzniveau von $p \leq 0,05$ angenommen.

4 Ergebnisse

4.1 Das Probandengut

Die Untersuchung wurde an 301 Pferden durchgeführt. Die Pferde stammten alle aus dem Patientengut der Pferdeklinik Bargteheide, die im Zeitraum vom 11.05.2015 bis zum 10.06.2016 einem elektiven chirurgischen Eingriff in Allgemeinanästhesie unterzogen wurden. Unter dem Probandengut waren 98 Hengste, 106 Stuten und 97 Wallache. Sie waren 1 bis 21 Jahre alt und hatten ein geschätztes Gewicht von 200 bis 750 kg. Bei den Patienten handelte es sich um 193 Warmblutpferde unterschiedlichster Rassen, 43 Ponys und Kleinpferde (Isländer, Haflinger etc.), 39 Traber und 26 sonstige Rassen (Tab. 5 u. Tab. 7).

Tab. 5: Aufgliederung der Gruppe sonstige Rassen nach Rasse und Anzahl

Rasse	Anzahl	Rasse	Anzahl
Araber	4	**Morgan Horse**	1
Vollblut	6	**Luisitano**	2
Paint Horse	1	**PRE**	3
Barock Pinto	1	**Friese**	3
Criollo	1	**Tinker-Mix**	1
Quarter Horse	3		

Insgesamt wurden 305 Aufstehphasen gemessen. 153 Aufstehphasen wurden mit einer Kopf- und Schweifstrickanbindung assistiert (Gruppe A), 152 Aufstehphasen erfolgten ohne Assistenz (Gruppe O) (Tab. 6).

Tab. 6: Anzahl der Probanden in den verschiedenen Operationsgruppen (OP 1-4) aufgeteilt auf Gruppe A und Gruppe O.
Gruppe A = mit Aufstehhilfe; Gruppe O = ohne Aufstehhilfe; OP 1-4 = Operationsgruppen 1-4;
OP 1 = Arthroskopien/Tendovaginoskopien/Fesselringband-Desmotomien;
OP 2 = Kastrationen/Kryptorchidektomien/Samenstrangfistelektomien;
OP 3 = Griffelbein-Amputationen und sonstige orthopädische Eingriffe;
OP 4 = Operationen am Kopf (Vitrektomien etc.)

Anzahl	OP 1	OP 2	OP 3	OP 4
Insgesamt	190	44	47	24
Gruppe A	95	22	23	13
Gruppe O	95	22	23	11

Die demographischen Daten der Operationsgruppen (OP 1-4) befinden sich im Anhang (Anhang 1a-d). In Tabelle 7 ist die Verteilung der Rassen in den einzelnen Operationsgruppen (OP 1-4) für die Gruppen A und O dargestellt.

Tab. 7: Verteilung der Rassen in den einzelnen Operationsgruppen (OP 1-4) sortiert nach Gruppe A und Gruppe O. P/K = Pony und Kleinpferd; SR = sonstige Rassen; T = Traber; WB = Warmblut

Rasse	Gruppe	OP 1	OP 2	OP 3	OP 4	Ins-gesamt
P/K	**A**	10	5	8	0	23
	O	11	1	7	0	20
SR	**A**	7	3	3	0	13
	O	7	2	4	0	13
T	**A**	11	2	1	2	16
	O	19	3	1	1	24
WB	**A**	67	12	11	11	101
	O	58	16	12	9	95

Bezüglich des Alters und des Gewichts gab es keine signifikanten Unterschiede zwischen den Gruppen A (mit Aufstehhilfe) und O (ohne Aufstehhilfe). So waren die

Pferde der Gruppe A durchschnittlich 6,6 ± 4,5 Jahre alt und 517 ± 100 kg schwer. In der Gruppe O waren die Pferde 6,4 ± 5,0 Jahre alt und 509 ± 99 kg schwer. Auch unterschieden sich die Pferde in den einzelnen Operationsgruppen unterteilt, nach Gruppe A und O, nicht signifikant in Bezug auf das Alter und das Gewicht (Tab. 8).

Tab. 8: Mittelwert und Standardabweichung von Alter (in Jahren) der Gruppe A und O sortiert nach OP 1-4.
Gruppe A = mit Aufstehhilfe; Gruppe O = ohne Aufstehhilfe; OP 1-4 = Operationsgruppen 1-4;
OP 1 = Arthroskopien/Tendovaginoskopien/Fesselringband-Desmotomien;
OP 2 = Kastrationen/Kryptorchidektomien/Samenstrangfistelektomien;
OP 3 = Griffelbein-Amputationen und sonstige orthopädische Eingriffe;
OP 4 = Operationen am Kopf (Vitrektomien etc.)

	Gruppe A/O	**Alter [J]**	**Geschätztes Gewicht [kg]**
OP 1	A	6,3 ± 4,2	525 ± 97
	O	5,4 ± 4,4	507 ± 100
OP 2	A	4,3 ± 2,8	473 ± 91
	O	4,3 ± 4,6	488 ± 103
OP 3	A	10,2 ± 5,2	501 ± 112
	O	11,3 ± 4,4	515 ± 98
OP 4	A	6,5 ± 4,3	555 ± 94
	O	9,0 ± 5,5	562 ± 77

4.2 Narkosevorbereitungen

4.2.1 Charakter

Es gab weder einen signifikanten Unterschied zwischen den Gruppen A und O, noch unterschieden sich die Pferde in den einzelnen Operationsgruppen unterteilt nach Gruppe A und O signifikant in ihrem Charakter (Tab. 9). Auffallend war nur, dass mit steigender Kategorie, die Anzahl der zugehörigen Pferde abnahm. Die Kategorie 1 der ruhigen Pferde stellte die größte Gruppe mit einem Anteil von 66,9 %, die

Kategorie 2 die zweitgrößte Gruppe mit 21,3 % und Kategorie 3 die kleinste Gruppe mit einem Anteil von 11,8 % dar.

Tab. 9: Anzahl der Pferde in den Kategorien 1-3, eingeteilt nach einer Modifikation des Scoringsystems nach VALVERDE et al. (2013), sortiert nach Gruppe A und O. Gruppe A = mit Aufstehhilfe; Gruppe O = ohne Aufstehhilfe; Kategorie 1 = ruhig, Einbringen des Katheters und Vorbereitung des Operationsbereichs unter Sedation möglich; Kategorie 2 = nervös, Einbringen des Katheters und Vorbereitung des Operationsbereichs unter Sedation möglich, aber schwierig; Kategorie 3 = gefährlich und nervös, Sedation für alle Handlungen, Vorbereitung des Operationsbereichs meist nicht im Vorfeld möglich

Kategorie	Gruppe A	Gruppe O	Insgesamt
1	100	104	204
2	34	31	65
3	19	17	36

4.2.2 Gewichtsbestimmung nach CARROLL und HUNTINGTON (1988)

Zwischen dem geschätzten und dem ermittelten Gewicht nach CARROLL und HUNTINGTON (1988) bestand ein signifikanter Zusammenhang mit einem Korrelationskoeffizienten von 0,86 ($p < 0,001$) (Abb. 5). Aus dem Bestimmtheitsmaß ergab sich, dass 74 % der Streuung des berechneten Gewichts das geschätzte Gewicht erklären (Abb. 5). In Abbildung 6 wird die Differenz zwischen geschätztem und berechnetem Gewicht dargestellt.

Zu erkennen ist, dass die Pferde im Vergleich zum berechneten Gewicht durchschnittlich um 23,2 kg unterschätzt wurden (Abb. 6). Mit einer Irrtumswahrscheinlichkeit von 5 % wurden die Pferde maximal 78,3 kg überschätzt und maximal 124,7 kg unterschätzt (Abb. 6).

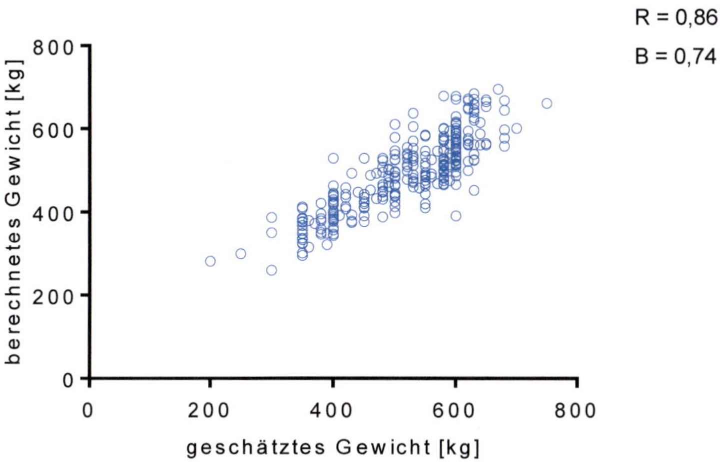

Abb. 5: Abhängigkeit des geschätzten zum berechneten Gewicht (in kg Körpergewicht) nach CARROL und HUNTINGTON (1988). Dargestellt ist eine Korrelation nach Pearson die das geschätzte Gewicht und das berechnete Gewicht (in kg Körpergewicht) gegenüberstellt. R = Korrelationskoeffizient = 0,86; B = Bestimmtheitsmaß = R^2 = 0,74

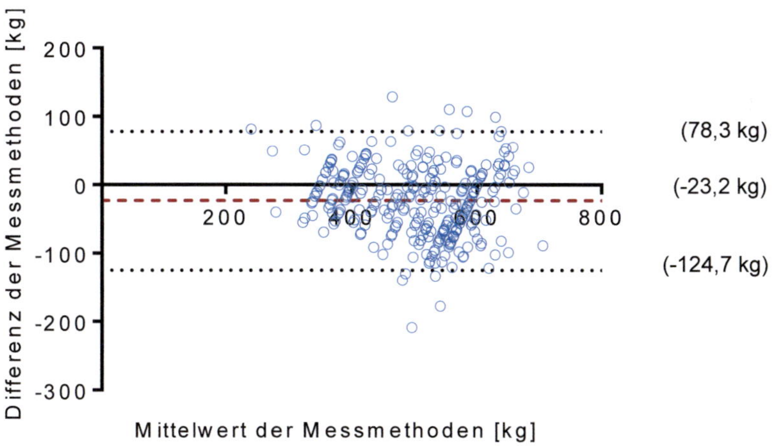

Abb. 6: Vergleich des geschätzten mit dem berechneten Gewicht (in kg Körpergewicht) nach CARROLL und HUNTINGTON (1988). Dargestellt sind das geschätzte und das berechnete Gewicht (in kg Körpergewicht) in einem Bland-Altman-Diagramm. Rote gestrichelte Linie = Mittelwert der Differenz = -23,2 kg; Standardabweichung der Differenz = 51,8 kg; schwarze gepunktete Linien = 95 % Grenzen der Übereinstimmung von -124,7 kg und 78,3 kg

4.3 Messungen

4.3.1 Bolusapplikation während der Anästhesie

In 34 Allgemeinanästhesien, (11,15 %), wurden ein Bolus oder mehrere Boli gegeben. 37-mal wurde ein Xylazin-Bolus und 9-mal ein Ketamin-Bolus gegeben. Die Anzahl der Bolusapplikationen unterschied sich nicht signifikant zwischen den Gruppen A und O.

4.3.2 Anästhesiedauer

In Bezug auf die Narkosedauer gab es keine signifikanten Unterschiede zwischen den Gruppen A und O (Tab. 10). Die Allgemeinanästhesie dauerte für alle Eingriffe im Durchschnitt 70,2 ± 27,4 Minuten. Die Pferde in der Gruppe A verbrachten durchschnittlich 69,9 ± 27,5 Minuten in Allgemeinanästhesie. Pferde in der Gruppe O verbrachten durchschnittlich 70,5 ± 27,4 Minuten in Allgemeinanästhesie. Wie in Tabelle 10 zu sehen ist, war die Anästhesiedauer in der Operationsgruppe 2 im Vergleich zu der Anästhesiedauer der anderen Operationsgruppen durchschnittlich am kürzesten.

Tab. 10: Mittelwert und Standardabweichung der Anästhesiedauer (in Minuten) der Gruppe A und O sortiert nach OP 1-4.
Gruppe A = mit Aufstehhilfe; Gruppe O = ohne Aufstehhilfe; OP 1-4 = Operationsgruppen 1-4;
OP 1 = Arthroskopien/Tendovaginoskopien/Fesselringband-Desmotomien;
OP 2 = Kastrationen/Kryptorchidektomien/Samenstrangfistelektomien;
OP 3 = Griffelbein-Amputationen und sonstige orthopädische Eingriffe;
OP 4 = Operationen am Kopf (Vitrektomien etc.)

	OP 1	**OP 2**	**OP 3**	**OP 4**
Gruppe A	76,7 ± 25,6	37,8 ± 26,3	70,8 ± 16,9	73,4 ± 20,9
Gruppe O	75,2 ± 26,4	42,7 ± 22,9	71,3 ± 25,4	82,4 ± 10,9

4.3.3 Zeitpunkt der ersten Aktivität

Die Pferde zeigten im Durchschnitt nach 26 ± 11 Minuten eine erste Aktivität nach Narkoseende. Dabei gab es keinen signifikanten Unterschied zwischen der Gruppe A, die eine erste Aktivität nach 26 ± 9 Minuten zeigte, im Vergleich zur Gruppe O, die eine erste Aktivität nach 27 ± 12 Minuten, zeigte.

Die Operationsdauer (p = 0,0071) hatte einen signifikanten Einfluss auf die erste Aktivität nach Narkoseende. Mit Zunahme der Operationszeit kam es im Mittel zu einer früheren ersten Aktivität bei den Probanden. So zeigten die 95 Warmblüter ohne Aufstehhilfe eine signifikant frühere erste Aktivität nach einer längeren Operationszeit (p = 0,0117). Bei den 13 Pferden ohne Aufstehhilfe, die den sonstigen Rassen zugehörig waren, war dies umgekehrt. Hier kam es bei zunehmender Operationszeit zu einer signifikant späteren ersten Aktivität (p = 0,0179).

Auch die Lagerung hatte einen signifikanten Einfluss auf die erste Aktivität. Pferde der Gruppe OP 1, die auf der Seite gelagert wurden, zeigten signifikant früher 25 ± 10 Minuten, im Durchschnitt 5 ± 2 Minuten früher, eine erste Aktivität im Vergleich zu Pferden, die auf dem Rücken gelagert wurden 30 ± 12 Minuten (p = 0,0047).

Die Rasse hatte insgesamt keinen signifikanten Einfluss. Allerdings zeigten die 23 Ponys ohne Aufstehhilfe signifikant früher eine erste Aktivität als die 95 Warmblüter ohne Aufstehhilfe (p = 0,0153). Insgesamt hatte bei den Ponys auch das Alter einen signifikanten Einfluss. Ponys zeigten mit zunehmendem Alter eine signifikant frühere erste Aktivität nach Narkoseende (p = 0,0015). Die Rasse stand weder mit der Art der Operation oder der Aufstehhilfe (mit/ohne) noch mit der Art der Operation und der Aufstehhilfe (mit/ohne) in einer signifikanten Interaktion.

Insgesamt hatten die Parameter Gewicht, Alter und Charakter keinen signifikanten Einfluss auf die erste Aktivität nach Narkoseende.

Auch die Art der Operation hatte keinen signifikanten Einfluss auf die erste Aktivität nach Narkoseende. Nach Einteilung in die Operationsgruppen fiel allerdings auf, dass die Pferde mit Aufstehhilfe nach der Operation 4 signifikant später (nach 27 ± 9 Minuten) eine erste Aktivität nach Narkoseende (p = 0,0480) zeigten, als die Pferde ohne Aufstehhilfe (nach 19 ± 10 Minuten) (Tab. 11). Bei den Pferden der Gruppe Operation 1 fiel auf, dass Pferde mit zunehmendem Alter signifikant früher eine erste Aktivität nach Narkoseende zeigten (p = 0,0171). Außerdem fiel auf, dass die Traber signifikant früher (p = 0,0113) eine erste Aktivität nach Operation 4 (3 von 39) (11 ± 5 Minuten) zeigten als nach Operation 1 (30 von 39) (26 ± 2 Minuten).

Tab. 11: Mittelwert und Standardabweichung der Zeitpunkte der ersten Aktivität (in Minuten nach Narkoseende) der Gruppe A und O insgesamt und sortiert nach OP 1-4. Gruppe A = mit Aufstehhilfe; Gruppe O = ohne Aufstehhilfe; OP 1-4 = Operationsgruppen 1-4;
OP 1 = Arthroskopien/Tendovaginoskopien/Fesselringband-Desmotomien;
OP 2 = Kastrationen/Kryptorchidektomien/Samenstrangfistelektomien;
OP 3 = Griffelbein-Amputationen und sonstige orthopädische Eingriffe;
OP 4 = Operationen am Kopf (Vitrektomien etc.)
*die erste Aktivität erfolgte in der Gruppe OP 4 in Gruppe A signifikant später als in der Gruppe O (p = 0,0480)

	Insgesamt	**OP 1**	**OP 2**	**OP 3**	**OP 4**
Gruppe A	26 ± 9	26 ± 10	25 ± 7	24 ± 9	27 ± 9*
Gruppe O	27 ± 12	27 ± 12	28 ± 8	27 ± 10	19 ± 10*

4.3.4 Erreichen der Sternallage

Die Pferde erreichten im Durchschnitt nach 26 ± 15 Minuten die Sternallage. Zwischen den Gruppen mit und ohne Aufstehhilfe bestand kein signifikanter Unterschied. Pferde der Gruppe A erreichten im Durchschnitt nach 25 ± 14 Minuten die Sternallage. Pferde der Gruppe O erreichten 27 ± 15 Minuten nach Narkoseende die Brustbauchlage.

Je länger die Operationszeit war, desto früher erreichten die Pferde die Sternallage (p = 0,0070). Auch die Lagerung in der OP 1 hatte einen signifikanten Einfluss auf das Erreichen der Sternallage. Pferde, die in Seitenlage gelagert wurden, erreichten signifikant früher (nach 24 ± 15 Minuten) die Sternallage als Pferde, die in Rückenlage gelagert wurden (Erreichen der Sternallage nach 29 ± 16 Minuten) (p = 0,0112).

Das geschätzte Gewicht, das Alter und die Rasse hatten keinen signifikanten Einfluss auf das Erreichen der Sternallage. Aber Ponys erreichten mit zunehmendem Alter signifikant früher die Sternallage (p = 0,0129). Auch alle Pferde ohne Aufstehhilfe erreichten mit zunehmendem Alter signifikant früher die Sternallage (p = 0,0423).

Die Rasse zeigte weder mit der Art der Operation oder der Aufstehhilfe (mit/ohne) noch mit beidem in Kombination eine signifikante Interaktion. Ponys erreichten mit Aufstehhilfe nach 26 ± 3 Minuten und somit später die Sternallage als Ponys ohne Aufstehhilfe mit 19 ± 3 Minuten, dieser Unterschied war allerdings nicht signifikant (p = 0,1922).
Der Charakter hatte insgesamt keinen signifikanten Einfluss auf das Erreichen der Sternallage. Allerdings erreichten Pferde mit Aufstehhilfe, die der Kategorie 1 zugeordnet waren, mit Aufstehhilfe signifikant früher die Sternallage (p = 0,041). Die Art der Operation hatte keinen signifikanten Einfluss auf das Erreichen der Sternallage und stand weder mit noch ohne Aufstehhilfe in einer signifikanten Interaktion.

4.3.5 Dauer der Sternalphase

Der Median der Dauer Sternalphase lag bei 4,0 [0-40] Minuten. Es war kein signifikanter Unterschied zwischen den Gruppen mit und ohne Aufstehhilfe für diesen Parameter erkennbar. Pferde mit Aufstehhilfe verbrachten 4,0 [0-35] Minuten in Sternallage. Der Median für die Pferde ohne Aufstehhilfe lag bei 4,0 [0-40] Minuten in Sternallage. Auffällig war allerdings, dass in der Gruppe A ein Drittel der Pferde (51) keine Sternalphase zeigten. In der Gruppe O waren es etwa ein Viertel der Pferde (42).
Das Alter, die Rasse, das geschätzte Gewicht, die Lagerung und der Charakter hatten keinen signifikanten Einfluss auf die Dauer der Sternalphase.
Dagegen hatte die Art der Operation einen signifikanten Einfluss auf die Dauer der Sternalphase (p = 0,0455). Pferde mit Aufstehhilfe verblieben nach Operation 1 (95 Pferde) signifikant länger (p = 0,0410) in Sternallage (4,0 [0-35] Minuten), als Pferde nach der Operation 3 (23 Pferde) (3,0 [0-9] Minuten). Traber zeigten nach Operation 3 eine signifikant kürzere Sternalphase als nach Operation 1 (p = 0,0145) und nach Operation 2 (p = 0,0123). Es gab keine signifikante Interaktion zwischen der Rasse und der Aufstehhilfe (mit/ohne), zwischen der Rasse und der Art der Operation und zwischen der Rasse, der Art der Operation und der Aufstehhilfe (mit/ohne). Traber hatten mit Aufstehhilfe eine kürzere Sternalphase als Warmblüter mit Aufstehhilfe. Dies war allerdings statistisch nicht signifikant (p = 0,0526). Außerdem zeigten Art der Operation und Aufstehhilfe (mit/ohne) keine signifikante Interaktion in Bezug auf die Dauer der Sternalphase.

4.3.6 Erster Aufstehversuch

Die Pferde zeigten durchschnittlich nach 34 ± 13 Minuten einen ersten Aufstehversuch. Die Pferde mit Aufstehhilfe zeigten nach 34 ± 11 Minuten, die Pferde ohne Aufstehhilfe zeigten im Durchschnitt nach 35 ± 14 Minuten einen ersten Aufstehversuch. Folglich hatte die Aufstehhilfe (mit/ohne) keinen signifikanten Effekt auf den ersten Aufstehversuch.

Die im Modell berücksichtigte Kovariate geschätztes Gewicht hatte einen signifikanten Effekt auf den ersten Aufstehversuch (p = 0,0028). Wie in Tabelle 12 zu sehen ist, versuchten die Pferde, die leichter waren, früher aufzustehen.

Tab. 12: Mittelwert und Standardabweichung der ersten Aufstehversuche (in Minuten nach Narkoseende) und des Gewichts (in kg Körpergewicht) sortiert nach Rassen, P/K = Pony und Kleinpferd, SR = sonstige Rassen, T = Traber, WB = Warmblut

Rasse	P/K	SR	T	WB
Geschätztes Gewicht [kg]	393,95 ± 60,08	474,23 ± 106,89	433,50 ± 69,01	560,46 ± 72,82
Erster Aufstehversuch [Min]	29,84 ± 12,08	34,58 ± 14,13	32,50 ± 11,89	35,20 ± 12,48

Auch die Rasse hatte einen signifikanten Effekt auf den ersten Aufstehversuch (p = 0,0117). Dies zeigte sich in einer Signifikanz bei den Pferden mit Aufstehhilfe (p = 0,0335) (Abb. 7). Wie in Abbildung 7 dargestellt ist, wagten Traber 10 ± 3 Minuten früher mit Aufstehhilfe als Warmblüter mit Aufstehhilfe und damit signifikant früher (p = 0,0196) einen ersten Aufstehversuch. Außerdem wird in Abbildung 7 deutlich, dass Ponys ohne Aufstehhilfe nach 26 ± 4 Minuten und damit signifikant früher als Warmblüter nach 37 ± 2 Minuten einen ersten Aufstehversuch wagten. Dies war allerdings nicht signifikant (p = 0,0528). Es gab keine signifikante Interaktion zwischen der Aufstehhilfe (mit/ohne) und der Rasse.

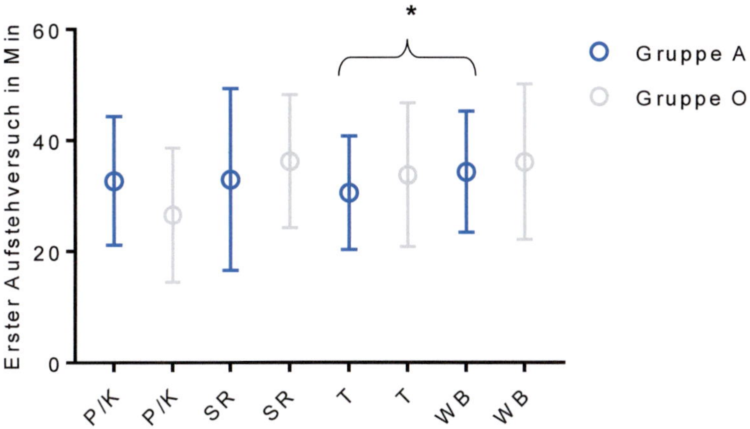

Abb. 7: Zeitpunkt des ersten Aufstehversuchs (in Minuten nach Narkoseende) der Gruppe A und O sortiert nach Rassen. Dargestellt sind die Zeitpunkte der ersten Aufstehversuche als Mittelwerte und Standardabweichungen (SD) der Gruppe A und O sortiert nach Rassen. Kreis = Mittelwert; Whisker = Standardabweichung; Gruppe A = mit Aufstehhilfe; Gruppe O = ohne Aufstehhilfe; P/K = Pony und Kleinpferd; SR = sonstige Rassen; T = Traber; WB = Warmblut
* der erste Aufstehversuch erfolgte bei Trabern der Gruppe A signifikant (p = 0,0196) früher als bei Warmblütern der Gruppe A

Die Lagerung hatte einen signifikanten Einfluss auf den ersten Aufstehversuch. Pferde der Gruppe Operation 1, die in Seitenlage gelagert wurden, zeigten signifikant früher einen ersten Aufstehversuch (nach 32 ± 12 Minuten) als Pferde, die in Rückenlage gelagert wurden (erster Aufstehversuch nach 39 ± 13 Minuten) (p = 0,0002).

Die Kovariate Alter hatte keinen signifikanten Effekt, genauso wie der Charakter und die Art der Operation insgesamt keinen signifikanten Einfluss auf den ersten Aufstehversuch hatten.

Es gab keine signifikanten Interaktionen zwischen der Art der Operation und der Aufstehhilfe (mit/ohne) und zwischen der Art der Operation und der Rasse. Außerdem gab es keine signifikante Interaktion zwischen der Art der Operation, der Aufstehhilfe (mit/ohne) und der Rasse. Allerdings fiel bei Betrachtung der Traber in den einzelnen Operationsgruppen auf, dass sie signifikant später (p = 0,0106) einen ersten Aufstehversuch nach Operation 1 (30 Traber) (nach 34 ± 2 Minuten) wagten als nach Operation 4 (3 Traber) (nach 16 ± 6 Minuten). Bei Warmblütern hatte die Art der Operation keinen signifikanten Einfluss auf den ersten Aufstehversuch. Auffällig war nur, dass in der Gruppe Operation 4, die Warmblüter mit Aufstehhilfe (11 Warmblüter) nach 35 ± 3 Minuten einen ersten Aufstehversuch zeigten. Dagegen versuchten die Warmblüter ohne Aufstehhilfe (9 Warmblüter) nach 27 ± 4 Minuten aufzustehen. Zudem hatte bei Operation 4 die Rasse einen signifikanten Einfluss ($p = 0{,}0280$). Traber wagten nach Operation 4 (3 Traber) signifikant früher ($p = 0{,}0216$) (nach 12 ± 7 Minuten) einen ersten Aufstehversuch als Warmblüter (20 Warmblüter) (nach 33 ± 2 Minuten).

4.3.7 Anzahl der Aufstehversuche

Der Median der Anzahl der Aufstehversuche lag bei 2 [1-34]. Die Aufstehhilfe (mit/ohne) hatte einen signifikanten Effekt auf die Anzahl der Aufstehversuche ($p < 0{,}0001$) (Abb. 8). Mit Aufstehhilfe brauchten die Pferde im Median 1 [1-7] Aufstehversuch. Ohne Aufstehhilfe brauchten die Pferde mehr als doppelt so viele Aufstehversuche 3 [1-34].

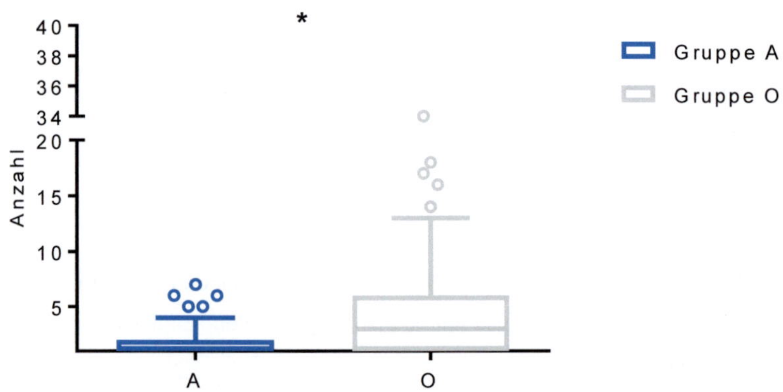

Abb. 8: Anzahl der Aufstehversuche der Gruppe A und O. Dargestellt sind die Aufstehversuche als Boxplot für die Gruppen A und O. Der Median ist als waagerechter Strich und die Ausreißer sind als Kreise dargestellt. Box = Interquartilabstand, Whisker = 5 und 95 % Perzentil; Gruppe A = mit Aufstehhilfe; Gruppe O = ohne Aufstehhilfe;

* die Anzahl der Aufstehversuche war für Gruppe A signifikant ($p < 0{,}0001$) niedriger als für Gruppe O

Wie in der Abbildung 9 dargestellt ist, erreichten etwas mehr als die Hälfte der Pferde mit Aufstehhilfe den sicheren Stand nach einem Aufstehversuch (52,9 %). 96,7 % der Pferde standen mit Aufstehhilfe spätestens nach 4 Aufstehversuchen (Abb. 9).

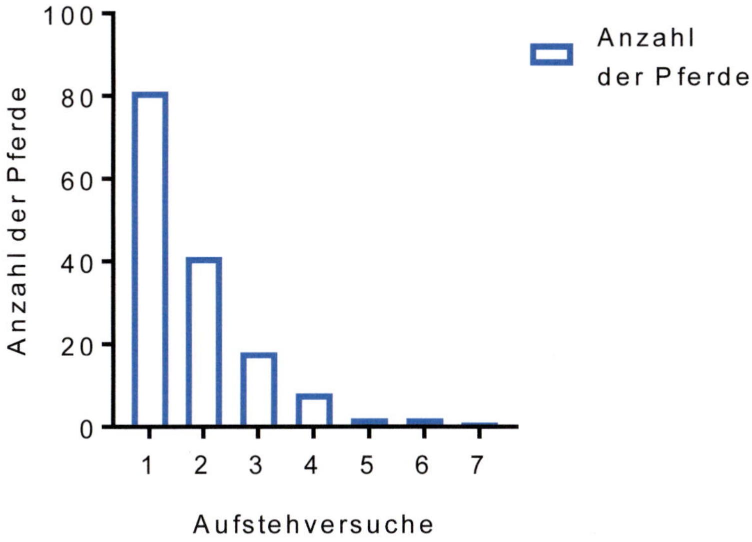

Abb. 9: Verteilung der Anzahl der Aufstehversuche auf die Anzahl der Pferde in Gruppe A = mit Aufstehhilfe. Im Balkendiagramm dargestellt ist die Anzahl an Pferden der Gruppe A (n = 153), die die auf der X-Achse dargestellte Anzahl an Aufstehversuchen benötigt haben (1-7).

Wie in der Abbildung 10 zu erkennen ist, erreichten nur 27,6 % der Pferde ohne Aufstehhilfe den sicheren Stand nach einem Aufstehversuch. Erst nach 14 Aufstehversuchen standen 96,7 % der Pferde (Abb. 10). Dabei wird deutlich, dass die Spannweite in der Gruppe O im Vergleich zur Gruppe A deutlich größer ist (Abb. 10).

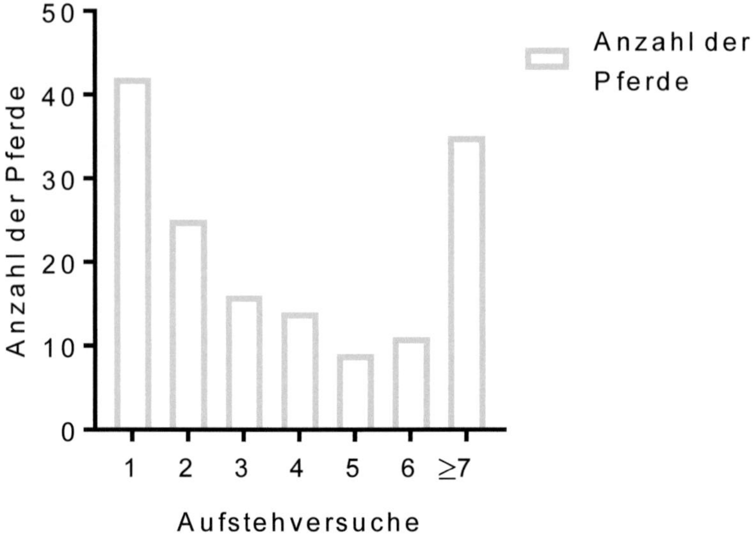

Abb. 10: Verteilung der Anzahl der Aufstehversuche auf die Anzahl der Pferde in Gruppe O = ohne Aufstehhilfe. Im Balkendiagramm dargestellt ist die Anzahl an Pferden der Gruppe O (n = 152), die die auf der X-Achse dargestellte Anzahl an Aufstehversuchen benötigt haben (1 - ≥7).

In der Tabelle 13 sind die Häufigkeitswerte der Aufstehphasen ohne Aufstehhilfe dargestellt, in denen die Pferde 7 oder mehr Aufstehversuche brauchten um den sicheren Stand zu erreichen. Deutlich wird das Ausmaß der Spannweite in der Gruppe O, bei der 34 Aufstehversuche die maximale Anzahl an Aufstehversuchen darstellten (Tab. 13).

Tab. 13: Häufigkeitsverteilung der Pferde in der Gruppe O, die 7 und mehr Aufstehversuche gebraucht haben. Gruppe O = ohne Aufstehhilfe

Anzahl der Aufstehversuche	**Anzahl der Pferde**	**Anzahl der Aufstehversuche**	**Anzahl der Pferde**
7	8	**14**	1
8	4	**16**	1
9	7	**17**	1
10	2	**18**	1
12	2	**28**	1
13	6	**34**	1

Auch die Rasse hatte einen signifikanten Effekt auf die Anzahl der Aufstehversuche ($p = 0{,}0018$). Traber benötigten signifikant weniger Aufstehversuche als sonstige Rassen ($p < 0{,}05$) (Tab. 14). Auffällig war auch, dass die Warmblüter im Vergleich zu den Trabern mehr Aufstehversuche brauchten. Dies war allerdings statistisch nicht signifikant (Tab. 14). Zudem ist in der Tabelle 14 zu sehen, dass die Spannweite bei den sonstigen Rassen und bei den Warmblütern deutlich höher war als im Vergleich zu den anderen Rassen.

Der Unterschied zwischen den Rassen bezüglich der Aufstehversuche spiegelt sich in der Interaktion mit der Aufstehhilfe wieder.

Es bestand eine signifikante Interaktion zwischen der Aufstehhilfe (mit/ohne) und der Rasse ($p = 0{,}00152$) (Tab. 14). Ponys ($p = 0{,}0207$), sonstige Rassen ($p < 0{,}0001$) und Warmblüter ($p < 0{,}0001$) brauchten signifikant weniger Aufstehversuche mit Aufstehhilfe als ohne (Tab. 14). Bei Trabern war kein signifikanter Unterschied in der Anzahl der Aufstehversuche mit und ohne Aufstehhilfe feststellbar (Tab. 14). Beim Vergleich der Rassen untereinander fiel auf, dass alle Rassen eine ähnliche Anzahl an Aufstehversuchen mit Aufstehhilfe brauchten. Ohne Aufstehhilfe hatte die Rasse auch einen signifikanten Einfluss auf die Anzahl der Aufstehversuche ($p = 0{,}0104$). Bei den sonstigen Rassen ohne Aufstehhilfe war die Anzahl der Aufstehversuche signifikant höher im Vergleich zu der Anzahl der Aufstehversuche der Traber ($p = 0{,}0085$) und bei Warmblütern höher als bei den Trabern. Dies war allerdings statistisch nicht signifikant ($p = 0{,}0527$) (Tab. 14).

Tab. 14: Median und Spannweite der Anzahl der Aufstehversuche der Gruppe A und O getrennt nach Rassen, Gruppe A = mit Aufstehhilfe; Gruppe O = ohne Aufstehhilfe; P/K = Pony/Kleinpferd; SR = sonstige Rassen; T = Traber; WB = Warmblut,

* Traber benötigten signifikant ($p < 0,05$) weniger Aufstehversuche als die sonstigen Rassen

** die Anzahl der Aufstehversuche in der Gruppe A war für die Rassen P/K, SR und WB signifikant ($p = 0,0207$; $p < 0,0001$; $p < 0,0001$) niedriger im Vergleich zur Gruppe O

die Anzahl der Aufstehversuche in der Gruppe O war für die Rasse SR signifikant ($p = 0,00085$) höher im Vergleich zur Rasse T

	P/K	SR	T	WB
Insgesamt	2 [1-6]	3 [1-13]	1 [1-7] *	2 [1-34]
Gruppe A	2 [1-5] **	1 [1-4] **	1 [1-3]	1 [1-6] **
Gruppe O	2 [1-6]	4 [1-13] #	1 [1-7]	3 [1-34]

Die Operationsdauer hatte bei Ponys ohne Aufstehhilfe einen signifikanten Einfluss auf die Anzahl der Aufstehversuche ($p = 0,0017$). Bei einer Zunahme der Operationsdauer stieg auch die Anzahl der Aufstehversuche. Bei den sonstigen Rassen ohne Aufstehhilfe war bei einer Zunahme der Narkosedauer auch ein Anstieg in der Anzahl der Aufstehversuche erkennbar. Dies war allerdings statistisch nicht signifikant ($p = 0,0511$).

Die Aufstehhilfe hatte unabhängig vom Charakter, Kategorie 1 ($p < 0,0001$), Kategorie 2 ($p < 0,0001$), Kategorie 3 ($p = 0,0111$), einen signifikanten Einfluss auf die Anzahl der Aufstehversuche (Abb. 11). Pferde der Gruppe A brauchten sowohl in der Kategorie 1 und 2 als auch in der Kategorie 3 weniger Aufstehversuche als in der Gruppe O (Abb. 11). Auffällig war außerdem, dass die Anzahl der Aufstehversuche in Gruppe A für alle Kategorien ähnlich war, während in der Gruppe O mit Zunahme der Kategorie, die Spannweite der Anzahl der Aufstehversuche anstieg (Abb. 11).

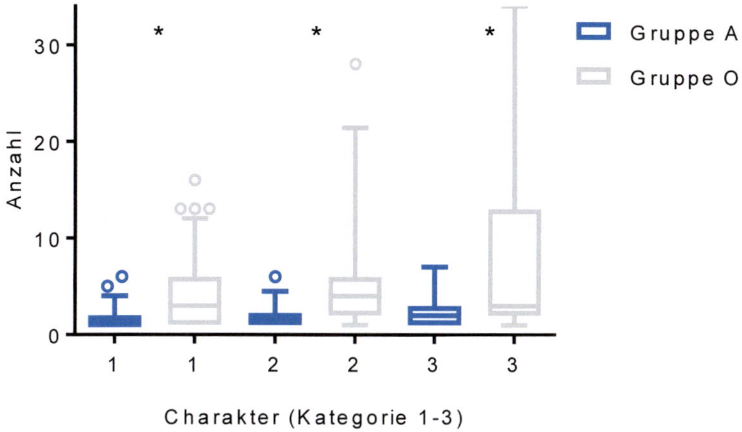

Abb. 11: Anzahl der Aufstehversuche für Gruppe A und O getrennt nach dem Charakter der Pferde (Kategorie 1-3) eingeteilt nach einer Modifikation des Scoringsystems nach VALVERDE et al. (2013). Dargestellt sind die Aufstehversuche als Boxplot für die Gruppe A und O getrennt nach dem Charakter der Pferde (Kategorie 1-3). Der Median ist als waagerechter Strich und die Ausreißer sind als Kreise dargestellt. Box = Interquartilabstand, Whisker = 5 und 95 % Perzentil; Gruppe A = mit Aufstehhilfe; Gruppe O = ohne Aufstehhilfe; Kategorie 1 = ruhig, Einbringen des Katheters und Vorbereitung des Operationsbereichs unter Sedation möglich; Kategorie 2 = nervös, Einbringen des Katheters und Vorbereitung des Operationsbereichs unter Sedation möglich, aber schwierig; Kategorie 3 = gefährlich und nervös, Sedation für alle Handlungen, Vorbereitung des Operationsbereichs meist nicht im Vorfeld möglich

* die Anzahl der Aufstehversuche in der Gruppe A waren für die Kategorien (1-3) signifikant ($p < 0{,}0001$; $p < 0{,}0001$; $p = 0{,}0111$) niedriger im Vergleich zur Gruppe O

Das Alter, das geschätzte Gewicht, die Lagerung während der OP 1, der Charakter und die Art der Operation hatten keinen signifikanten Einfluss auf die Anzahl der Aufstehversuche.

Bei den Pferden ohne Aufstehhilfe stieg allerdings mit zunehmendem geschätzten Gewicht die Anzahl der Aufstehversuche signifikant an ($p = 0{,}0024$).

Auf jeden der vier Eingriffe hatte die Aufstehhilfe (mit/ohne) einen signifikanten Effekt auf die Anzahl der Aufstehversuche; Operation 1 ($p < 0{,}0001$), Operation 2 ($p = 0{,}0145$), Operation 3 ($p = 0{,}0017$), Operation 4 ($p = 0{,}0024$) (Tab. 15).

Statistisch auffällig (p = 0,0646) war, dass die Pferde ohne Aufstehhilfe nach der Operation 2 weniger Aufstehversuche brauchten als die Pferde nach der Operation 4 (Tab. 15).

Tab. 15: Median und Spannweite der Anzahl der Aufstehversuche der Gruppe A und O getrennt nach OP 1-4. Gruppe A = mit Aufstehhilfe; Gruppe O = ohne Aufstehhilfe; OP 1-4 = Operationsgruppen 1-4; OP 1 = Arthroskopien/Tendovaginoskopien/Fesselringband-Desmotomien; OP 2 = Kastrationen/Kryptorchidektomien/Samenstrangfistelektomien; OP 3 = Griffelbein-Amputationen und sonstige orthopädische Eingriffe; OP 4 = Operationen am Kopf (Vitrektomien etc.)
* die Anzahl der Aufstehversuche in der Gruppe A war für die Operationsgruppen OP 1, OP 2, OP 3 und OP 4 signifikant (p < 0,0001; p = 0,0145; p = 0,0017; p = 0,0024) niedriger im Vergleich zur Gruppe O

	OP 1	OP 2	OP 3	OP 4
Gruppe A	1 [1-7] *	1 [1-4] *	2 [1-4] *	2 [1-4] *
Gruppe O	3 [1-34]	2 [1-7]	3 [1-13]	8 [1-28]

Bei OP 1 fiel auf, dass das geschätzte Gewicht einen signifikanten Einfluss auf die Anzahl der Aufstehversuche für mit und ohne Aufstehhilfe hatte (p = 0,0003). Die Anzahl der Aufstehversuche der Gruppe A divergierte nicht signifikant zwischen den Operationsgruppen.

Die Art der Operation hatte bei Ponys keinen signifikanten Effekt auf die Anzahl der Aufstehversuche. Die Operationsgruppe 4 musste aus dem Gruppenvergleich genommen werden, da sich in der Gruppe nur ein Pony befand (Tab. 7). Bei den sonstigen Rassen hatte die Art der Operation einen signifikanten Effekt (p = 0,0311), wobei sonstige Rassen nach Operation 1 signifikant weniger Aufstehversuche brauchten (2 [1-7]) als nach Operation 3 (6 [1-13]) (p = 0,0097). Auch bei dieser Rasse musste die Operationsgruppe 4 aus dem Gruppenvergleich genommen werden, da die Rasse in dieser Gruppe nicht vertreten war (Tab. 7) Bei Trabern und Warmblütern hatte die Art der Operation insgesamt keinen signifikanten Effekt auf die Anzahl der Aufstehversuche. Im Gruppenvergleich zeigte sich allerdings bei den Warmblütern, dass sie signifikant weniger Aufstehversuche nach Operation 2 (2 [1-6]) als nach Operation 4 (3 [1-28]) brauchten (p = 0,0350).

Beim Vergleich der Gruppen, sortiert nach Operationen, fiel auf, dass nur bei Operation 3 die Rasse einen signifikanten Einfluss auf die Anzahl der

Aufstehversuche hatte (p = 0,0167). Ponys brauchten signifikant weniger Aufstehversuche nach Operation 3 (2 [1-6]) als sonstige Rassen (6 [1-13]) (p = 0,0289). Es bestand weder eine signifikante Interaktion zwischen der Art der Operation und der Rasse noch zwischen der Art der Operation, der Aufstehhilfe (mit/ohne) und der Rasse.

4.3.8 Erreichen des sicheren Standes

Die Pferde erreichten im Durchschnitt nach 39 ± 14 Minuten den sicheren Stand. Die Aufstehhilfe (mit/ohne) hatte einen signifikanten Einfluss auf das Erreichen des sicheren Standes (p = 0,0025) (Abb. 12). Pferde der Gruppe A erreichten durchschnittlich nach 37 ± 12 Minuten den sicheren Stand und somit früher als Pferde der Gruppe O (Erreichen des sicheren Standes nach 40 ± 15 Minuten) (Abb. 12).

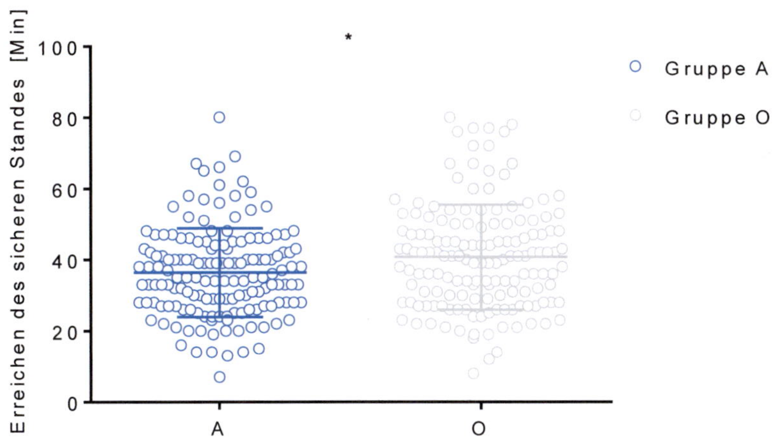

Abb. 12: Zeitpunkt des Erreichens des sicheren Standes Erreichen (in Minuten nach Narkoseende) der Gruppe A und O. Dargestellt sind die Zeitpunkte für das Erreichen des sicheren Standes (in Minuten nach Narkoseende) als Streudiagramm. Der Mittelwert ist jeweils als mittlerer, waagerechter Strich und die Standardabweichung ist ober- und unterhalb davon dargestellt. Gruppe A = mit Aufstehhilfe; Gruppe O = ohne Aufstehhilfe

* das Erreichen des sicheren Standes erfolgte in der Gruppe A signifikant (p = 0,0025) früher als in der Gruppe O

Die Rasse hatte insgesamt einen signifikanten Einfluss auf das Erreichen des sicheren Standes (p = 0,0213) (Tab. 16).

Nach Unterteilung der Pferde in die Gruppen A und O hatte die Rasse allerdings keinen signifikanten Einfluss mehr auf das Erreichen des sicheren Standes. Bei Ponys und Kleinpferden, den sonstigen Rassen und den Trabern wurde das Erreichen des sicheren Standes nicht signifikant durch die Aufstehhilfe beeinflusst. Sonstige Rassen und Traber erreichten aber früher den sicheren Stand mit Aufstehhilfe als ohne Aufstehhilfe. Eine statistische Signifikanz war hier allerdings nicht gegeben (Tab. 16). Wie in Tabelle 16 zu erkennen ist, brauchten Ponys und Kleinpferde als einzige Rasse mit Aufstehhilfe länger bis sie den sicheren Stand erreichten (37 ± 2 Minuten nach Narkoseende) als ohne Aufstehhilfe (Erreichen des sicheren Standes 30 ± 3 Minuten nach Narkoseende). Auch dies war statistisch nicht signifikant. Warmblüter der Gruppe A erreichten signifikant früher den sicheren Stand (p = 0,0035) als Warmblüter der Gruppe O. Es bestand keine signifikante Interaktion zwischen der Rasse und der Aufstehhilfe.

Tab. 16: Mittelwert und Standardabweichung des Zeitpunktes des Erreichens des sicheren Standes (in Minuten nach Narkoseende) der Gruppe A und O sortiert nach Rassen. Gruppe A = mit Aufstehhilfe; Gruppe O = ohne Aufstehhilfe; P/K = Pony und Kleinpferd; SR = sonstige Rassen; T = Traber; WB = Warmblut

* das Erreichen des sicheren Standes erfolgte in der Gruppe A bei den Warmblütern signifikant (p = 0,0035) früher im Vergleich zur Gruppe O

	P/K	SR	T	WB
Insgesamt	34,19 ± 12,23	38,54 ± 15,26	35,15 ± 11,38	40,18 ± 14,11
Gruppe A	36,28 ± 2,41	33,77 ± 3,92	31,92 ± 2,51	37,47 ± 1,36 *
Gruppe O	31,78 ± 2,59	43,31 ± 3,92	37,30 ± 2,04	43,10 ± 1,41

Der Charakter und die Aufstehhilfe (mit/ohne) zeigten eine signifikante Interaktion (p = 0,0430) in Bezug auf das Erreichen des sicheren Standes. Pferde, die dem Charakter nach der Kategorie 1 zugeordnet wurden, erreichten mit Aufstehhilfe signifikant früher (p = 0,0005) den sicheren Stand. Für Pferde, die eine 2 oder 3 für ihren Charakter erhielten, ergab sich kein signifikanter Unterschied für das Erreichen des sicheren Standes mit und ohne Aufstehhilfe.

Die Lagerung hatte bei der Operation 1 einen signifikanten Einfluss auf das Erreichen des sicheren Standes (p = 0,0163) (Abb. 13). Die Pferde, die in Seitenlage gelagert wurden, standen nach 37 ± 14 Minuten und damit signifikant früher als die Pferde, die in Rückenlage gelagert wurden. Sie erreichten den sicheren Stand nach 43 ± 14 Minuten (Abb. 13).

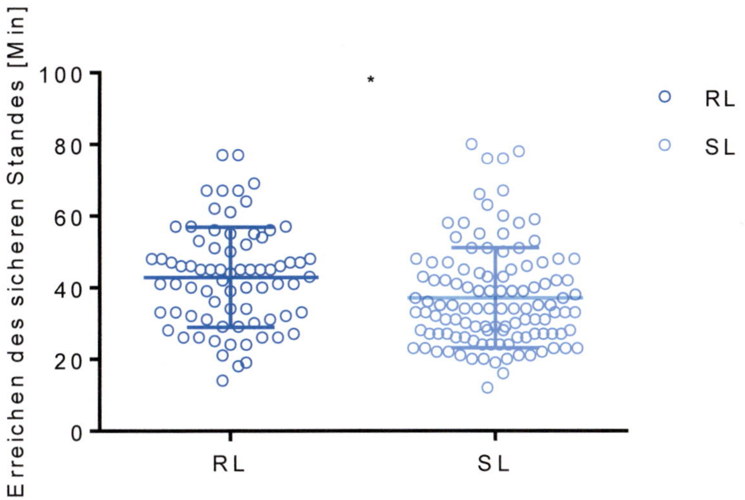

Abb. 13: Zeitpunkt des Erreichens des sicheren Standes Erreichen (in Minuten nach Narkoseende) nach der Operation 1. Dargestellt sind die Zeitpunkte für das Erreichen des sicheren Standes (in Minuten nach Narkoseende) als Streudiagramm. Der Mittelwert ist jeweils als mittlerer, waagerechter Strich, die Standardabweichung ist ober- und unterhalb davon dargestellt. RL = Rückenlage; SL = Seitenlage

* das Erreichen des sicheren Standes erfolgte in der Gruppe RL signifikant (p = 0,0163) später als in der Gruppe SL

Das Alter, die Art der Operation und die Anästhesiedauer hatten insgesamt keinen signifikanten Effekt auf das Erreichen des sicheren Standes. Auch war kein Zusammenhang zwischen der Art des Eingriffs und der Aufstehhilfe (mit/ohne) auf das Erreichen des sicheren Standes feststellbar.

Allerdings fiel nach Einteilung in die Operationsgruppen auf, dass Pferde nach Operation 3 signifikant früher mit Aufstehhilfe den sicheren Stand erreichten als ohne (p = 0,0141) (Tab. 17). In der Tabelle 17 erreichten Pferde der Gruppe A statistisch auffällig (p = 0,0541) früher den sicheren Stand nach OP 1 als Pferde der Gruppe O.

Tab. 17: Mittelwert und Standardabweichung der Zeit bis zum Erreichen des sicheren Standes (in Minuten nach Narkoseende) der Gruppe A und O sortiert nach OP 1-4.

Gruppe A = mit Aufstehhilfe; Gruppe O = ohne Aufstehhilfe; OP 1-4 = Operationsgruppen 1-4;

OP 1 = Arthroskopien/Tendovaginoskopien/Fesselringband-Desmotomien;

OP 2 = Kastrationen/Kryptorchidektomien/Samenstrangfistelektomien;

OP 3 = Griffelbein-Amputationen und sonstige orthopädische Eingriffe;

OP 4 = Operationen am Kopf (Vitrektomien etc.)

* das Erreichen des sicheren Standes erfolgte in der Gruppe A nach OP 3 signifikant (p = 0,0141) früher im Vergleich zur Gruppe O

	OP 1	**OP 2**	**OP 3**	**OP 4**
Gruppe A	37 ± 13	37 ± 12	31 ± 9 *	38 ± 12
Gruppe O	41 ± 16	41 ± 16	38 ± 11	39 ± 18
p-Wert	p = 0,0541	p = 0,3200	p = 0,0141	p = 0,9657

4.3.9 Qualität der Aufstehphase

Der Median der Recovery Quality Scale nach CLARK-PRICE et al. (2008) lag bei 32 [11-87] Punkten. Die Aufstehhilfe (mit/ohne) hatte einen signifikanten Einfluss auf die Aufstehqualität ($p < 0,0001$) (Abb. 14). Pferde der Gruppe A hatten einen signifikant niedrigeren Wert 28 [15-70] als Pferde der Gruppe O 38 [11-87] (Abb. 14).

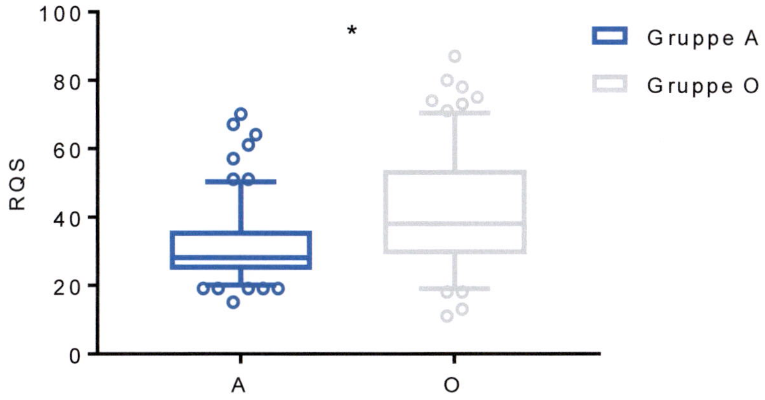

Abb. 14: Werte der Recovery Quality Scale (RQS) nach CLARK-PRICE et al. (2008) für Gruppe A und O. Dargestellt sind die Werte als Boxplot für die Gruppen A und O. Der Median ist als waagerechter Strich und die Ausreißer sind als Kreise dargestellt. Box = Interquartilabstand; Whisker = 5 und 95 % Perzentil; Gruppe A = mit Aufstehhilfe; Gruppe O = ohne Aufstehhilfe; bestmögliche Aufstehphase = 11 Punkte; schlechtestmögliche Aufstehphase = 100 Punkte

* die Werte der Recovery Quality Scale nach CLARK-PRICE et al. (2008) in der Gruppe A waren signifikant ($p < 0,0001$) niedriger als in der Gruppe O

Der Charakter hatte einen signifikanten Effekt auf die Aufstehqualität ($p = 0,0150$). Der Median der Aufstehqualität lag für Pferde der Kategorie 1 bei 30 [11-87], für Pferde der Kategorie 2 bei 34 [13-78] und für Pferde der Kategorie 3 bei 35 [19-80]. Wie in Abbildung 15 zu erkennen ist, hatte die Aufstehhilfe unabhängig vom Charakter einen signifikanten Einfluss auf die Aufstehqualität ($p < 0,0001$). Der Charakter und die Aufstehhilfe (mit/ohne) zeigten allerdings in Bezug auf die Aufstehqualität keine Interaktion.

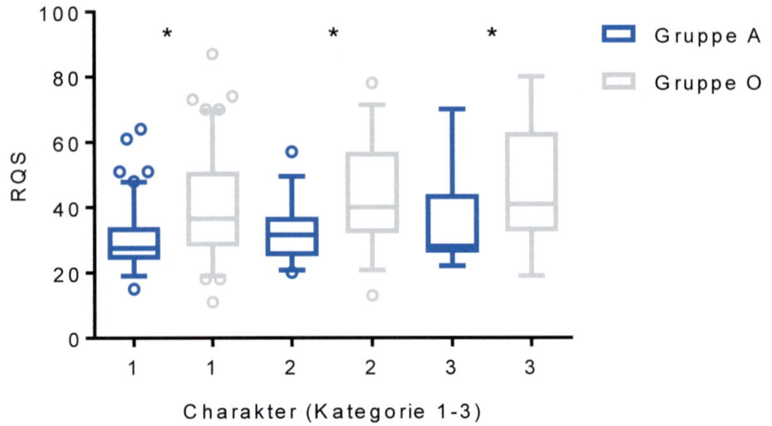

Abb. 15: Werte der Recovery Quality Scale (RQS) nach CLARK-PRICE et al. (2008) für Gruppe A und O getrennt nach dem Charakter der Pferde (Kategorie 1-3), eingeteilt nach einer Modifikation des Scoringsystems nach VALVERDE et al. (2013). Dargestellt sind die Werte als Boxplot für die Gruppe A und O sortiert nach dem Charakter der Pferde (Kategorie 1-3). Der Median ist als waagerechter Strich und die Ausreißer sind als Kreise dargestellt. Box = Interquartilabstand; Whisker = 5 und 95 % Perzentil; Gruppe A = mit Aufstehhilfe; Gruppe O = ohne Aufstehhilfe; bestmögliche Aufstehphase = 11 Punkte; schlechtestmögliche Aufstehphase = 100 Punkte; Kategorie 1 = ruhig, Einbringen des Katheters und Vorbereitung des Operationsbereichs unter Sedation möglich; Kategorie 2 = nervös, Einbringen des Katheters und Vorbereitung des Operationsbereichs unter Sedation möglich, aber schwierig; Kategorie 3 = gefährlich und nervös, Sedation für alle Handlungen, Vorbereitung des Operationsbereichs meist nicht im Vorfeld möglich

* die Werte der Recovery Quality Scale nach CLARK-PRICE et al. (2008) in der Gruppe A waren signifikant ($p < 0,0001$) niedriger als in der Gruppe O

Die Narkosedauer ($p = 0,0378$) führte zu einer signifikanten Verschlechterung der Aufstehqualität (Abb. 16). Mit zunehmender Narkosedauer stieg der Wert der Recovery Quality Scale nach CLARK-PRICE et al. (2008) signifikant an (Abb. 16).

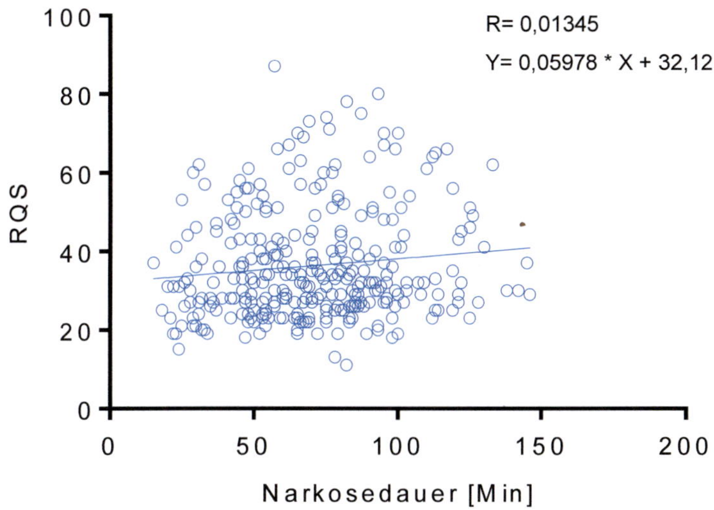

Abb. 16: Werte der Recovery Quality Scale (RQS) nach CLARK-PRICE et al. (2008) im Verhältnis zur Narkosedauer (in Minuten). Dargestellt sind die Werte in einer linearen Regression.
11 Punkte = bestmögliche Aufstehphase; 100 Punkte = schlechtestmögliche Aufstehphase
Die Werte der Recovery Quality Scale (RQS) nach CLARK-PRICE et al. (2008) standen in einem signifikanten (p = 0,0378) Zusammenhang zur Narkosedauer.

Das Alter, die Rasse und das geschätzte Gewicht hatten keinen signifikanten Einfluss auf die Aufstehqualität.

Auch die Art der Operation hatte insgesamt keinen signifikanten Einfluss auf die Aufstehqualität. Ebenso gab es keine signifikante Interaktion zwischen der Art der Operation und der Aufstehhilfe (Tab. 18). Außerdem gab es keine signifikante Interaktion zwischen der Art der Operation und der Rasse, der Aufstehhilfe (mit/ohne) und der Rasse und zwischen der Art der Operation, der Aufstehhilfe (mit/ohne) und der Rasse.

Tab. 18: Median und Spannweite der Werte der Recovery Quality Scale nach CLARK-PRICE et al. (2008) der Gruppe A und O getrennt nach OP 1-4.

Gruppe A = mit Aufstehhilfe; Gruppe O = ohne Aufstehhilfe; OP 1-4 = Operationsgruppen 1-4;

OP 1 = Arthroskopien/Tendovaginoskopien/Fesselringband-Desmotomien;

OP 2 = Kastrationen/Kryptorchidektomien/Samenstrangfistelektomien;

OP 3 = Griffelbein-Amputationen und sonstige orthopädische Eingriffe;

OP 4 = Operationen am Kopf (Vitrektomien etc.)

	OP 1	OP 2	OP 3	OP 4
Gruppe A	29 [19-70]	27 [15-57]	28 [19-51]	37 [24-46]
Gruppe O	36 [13-87]	31,5 [11-62]	41 [21-80]	55 [18-78]

4.3.10 Abnahme von Kopf- und Schweifstrick

Im Durchschnitt wurde 20 ± 8 Minuten nach Erreichen des sicheren Standes der Schweifstrick entfernt. Nach weiteren 6 ± 5 Minuten wurde im Durchschnitt das Halfter abgenommen. Kurz darauf wurden die Pferde aus der Aufwachbox in ihren Stall verbracht. In Einzelfällen verblieben die Pferde noch weitere Minuten in der Aufwachbox bevor sie in den Stall zurückgebracht wurden.

4.3.11 Besonderheiten während der Aufstehphase

Bei drei Pferden wurde nach erfolgloser unassistierter Aufstehphase eine Kopf- und Schweifstrickanbindung verwendet. Diese war in zwei Fällen erfolgreich. Alle drei Pferde wurden der Gruppe ohne Aufstehhilfe zugeordnet. Bei einem Pferd wurde 62 Minuten nach Narkoseende und 17 erfolglosen Aufstehversuchen eine Kopf- und Schweifstrickanbindung an dem Pferd befestigt. Das Pferd stand dann nach einem Aufstehversuch auf. Ein weiteres Pferd schaffte es nicht aus eigener Kraft aufzustehen. 65 Minuten nach Narkoseende wurde begonnen die Stute zum Aufstehen zu animieren. 74 Minuten nach Narkoseende wurde eine Kopf- und Schweifstrickanbindung angebracht. Damit erfolgte ein Aufstehversuch. Der sichere Stand wurde nach 78 Minuten erreicht.

Bei einem Fall konnte der sichere Stand nicht erreicht werden. Bei dem Pferd handelte es sich um eine fünfjährige Hannoveranerstute, die schwierig im Umgang war (Kategorie 3). Sie unternahm 29 Minuten nach Narkoseende einen ersten

Aufstehversuch und versuchte 34-mal unassistiert aufzustehen. Erst 86 Minuten nach Narkoseende war es möglich die Aufwachbox gefahrfrei zu betreten. Zunächst wurde eine Kopf- und Schweifstrickanbindung aufgebaut, wodurch der sichere Stand allerdings nicht erreicht werden konnte. Dann wurde zusätzlich ein Hebegeschirr angelegt, um das Pferd mit dem Kran und der Kopf- und Schweifstrickanbindung aufzustellen. Dies gelang insgesamt viermal für einen kurzen Moment. Dann ging das Pferd wieder nieder. Daraufhin wurde alles abgebaut, um das Pferd frei aufstehen zu lassen dies war ohne Erfolg, sodass das Pferd 6,55 Stunden nach Narkoseende euthanasiert wurde.

In einem Fall musste die Aufwachbox betreten werden, um ein Pferd (Gruppe O), welches festlag, neu zu positionieren.

Bei drei Aufstehphasen mit Aufstehhilfe musste die Aufwachbox vor Erreichen des sicheren Standes betreten werden. In einem Fall hatte sich das Pferd so in der Aufwachbox gedreht, dass Kopf- und Schweifstrick dreimal umgebaut werden mussten. Ein Pferd hatte sich an der Wand festgelegt und musste in den Raum gezogen werden. Bei einem Pferd löste sich der Kopfstrick, weil der Karabinerhaken nicht richtig arretiert war. Daraufhin wurde die Aufwachbox betreten, um den Schweifstrick abzubauen, sodass das Pferd frei aufstehen konnte. Das Pferd brauchte dann weitere sechs Aufstehversuche, innerhalb von 10 Minuten bis es 30 Minuten nach Narkoseende mit einer Recovery Quality Scale von 49 den sicheren Stand erreichte. Für die Auswertung wurde das Pferd der Gruppe ohne Aufstehhilfe zugeordnet.

Ein Pferd hatte sich mit einem Karabinerhaken in einem der Wandringe festgehakt, woraufhin für nachfolgende Aufstehphasen ein Karabinerhaken mit Verriegelung verwendet wurde. Zwei Pferde wurden durch die jeweilige Person am Schweifstrick offensichtlich umgezogen.

Fünf Pferde fielen nach Erreichen des sicheren Standes mit Kopfschütteln, Scharren und Steigen auf, woraufhin die Aufstehhilfe sofort abgebaut wurde. Sieben Pferde wurden relativ schnell nach dem Erreichen des sicheren Standes unruhig. Auch bei diesen Pferden wurde die Aufstehhilfe zügig abgebaut. Der Grund für die Unruhe war nicht eindeutig festzustellen. In keinem der Fälle musste die Aufstehhilfe aufgrund fehlender Akzeptanz vor dem Erreichen des sicheren Standes abgebaut werden, um das Pferd frei aufstehen zu lassen.

4.3.12 Verletzungen

Insgesamt kam es in 11 Aufstehphasen zu Verletzungen (Tab. 19). Darunter waren 9 Aufstehphasen ohne Aufstehhilfe und zwei Aufstehphasen mit Aufstehhilfe. In der Tabelle 21 fällt auf, dass es sich in 9 von 11 verletzten Pferden um Warmblüter und bei 7 von 11 verletzten Pferden um Stuten handelte.

Tab 19: Demographische Daten der Pferde mit Verletzungen in der Gruppe A und O auftraten, Gruppe A = mit Aufstehhilfe (blau); Gruppe O = ohne Aufstehhilfe; P/K = Pony und Kleinpferd; SR = sonstige Rassen; T = Traber; WB = Warmblut; H = Hengst; S = Stute; W = Wallach; Gewicht = geschätztes Gewicht (in kg Körpergewicht); Charakter (Kategorie 1-3), eingeteilt nach einer Modifikation des Scoringsystems nach VALVERDE et al. (2013); Kategorie 1 = ruhig, Einbringen des Katheters und Vorbereitung des Operationsbereichs unter Sedation möglich; Kategorie 2 = nervös, Einbringen des Katheters und Vorbereitung des Operationsbereichs unter Sedation möglich, aber schwierig; Kategorie 3 = gefährlich und nervös, Sedation für alle Handlungen, Vorbereitung des Operationsbereichs meist nicht im Vorfeld möglich

Pferd	Alter [J]	Rasse	Geschlecht	Gewicht [kg]	Charakter
1	6	WB	W	400	1
2	13	P/K	S	550	1
3	5	WB	W	580	1
4	9	WB	S	600	1
5	11	SR	S	530	1
6	3	WB	S	600	3
7	12	WB	S	650	2
8	2	WB	H	520	2
9	5	WB	S	530	2
10	9	WB	W	600	1
11	9	WB	S	60	3

In der Tabelle 20 sind die Daten zu der Operation und der Aufstehphase der Pferde aus Tabelle 19 dargestellt. In der Tabelle wird deutlich, dass es sich in 8 von 11 Fällen um Aufstehphasen nach der Operation 1 handelte. Des Weiteren fiel auf, dass für alle Pferde die eine Verletzung erlitten, die Narkosedauer 47 Minuten oder länger betrug (Tab. 20).

Tab. 20: Daten zur Art der Operation, Narkosedauer und Aufstehphase der Pferde mit Verletzungen in der Gruppe A und O (aus der Tabelle 19).
Gruppe A = mit Aufstehhilfe (blau); Gruppe O = ohne Aufstehhilfe; OP 1-4 = Operationsgruppen 1-4;
OP 1 = Arthroskopien/Tendovaginoskopien/Fesselringband-Desmotomien;
OP 2 = Kastrationen/Kryptorchidektomien/Samenstrangfistelektomien;
OP 3 = Griffelbein-Amputationen und sonstige orthopädische Eingriffe;
OP 4 = Operationen am Kopf (Vitrektomien etc.);
RQS = Recovery Quality Scale nach CLARK-PRICE et al. (2008); 11 Punkte = bestmögliche Aufstehphase; 100 Punkte = schlechtestmögliche Aufstehphase

Pferd	OP 1-4	Narkosedauer [Min]	Aufsteh-versuche	Sicherer Stand [Min]	RQS
1	OP 1	57	16	57	87
2	OP 3	78	2	42	38
3	OP 3	80	9	44	41
4	OP 1	47	7	60	56
5	OP 3	99	13	50	66
6	OP 1	133	18	24	62
7	OP 1	52	9	45	57
8	OP 1	55	2	31	34
9	OP 1	87	34	--	75
10	OP 1	110	6	23	61
11	OP 1	62	7	67	67

Deutlich wird anhand der Beschreibung der Verletzungen (Tab. 21), dass es sich bei dem Großteil der Verletzungen um Schürfwunden handelte.

Tab. 21: Art der Verletzungen der Pferde der Gruppe A und O (aus der Tab. 19 u. 20). Gruppe A = mit Aufstehhilfe (blau); Gruppe O = ohne Aufstehhilfe

Pferd	Beschreibung der Verletzungen
1	Schürfwunden: vorne links lateral am Radius, linke Brusthälfte, Oberlippe, lateral am linken Knie, hinten links lateral an der Röhre, lateral am rechten Tarsus
2	Schürfwunde vorne rechts auf Höhe des Ellbogen, mittelgradige Lahmheit vorne rechts
3	Schürfwunde am linken Carpus
4	Schürfwunden: am rechten Orbitarand, vorne links am Fesselkopf, hinten rechts am Fesselkopf und am Tarsus, am linken Tuber coxae, postanästhetische Myopathie
5	Schürfwunde am linken Tuber coxae
6	Schürfwunden: am linken Carpus und am rechten Tuber coxae
7	Mittelgradige Lahmheit hinten rechts
8	Zwei Schürfwunden über dem linken Auge
9	Pferd ist nicht mehr in der Lage aufzustehen (Ursache unklar)
10	Schürfwunden: am linken Ellbogen, medial an der Röhre hinten rechts
11	Fraktur der linken Tibia

4.3.13 Morbiditäts- und Mortalitätsrate

Insgesamt lag die Morbiditätsrate bei 3,6 %. Folglich lag die Morbiditätsrate für die Pferde der Gruppe A bei 1,31 % und für die Pferde der Gruppe O bei 5,92 %.
Die Mortalitätsrate lag insgesamt bei 0,66 %. In jeder Gruppe musste ein Pferd euthanasiert werden. Folglich lag die Mortalitätsrate für die Pferde der Gruppe A bei 0,65 % und für die Pferde der Gruppe O bei 0,66 %. Bei den Aufstehphasen der Gruppe O traten Morbidität und Mortalität, zusammengefasst, signifikant häufiger auf als bei den Aufstehphasen der Gruppe A (p = 0,035) (Abb. 17).

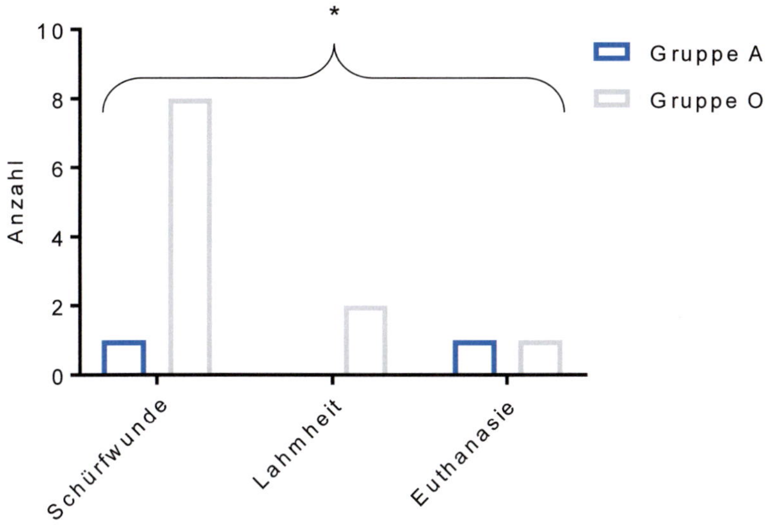

Abb. 17: Morbidität und Mortalität in der Gruppe A und O. Dargestellt ist in einem Balkendiagramm die Anzahl an Verletzungen und Todesfällen in Gruppe A und O. Gruppe A = mit Aufstehhilfe; O = ohne Aufstehhilfe

* die Anzahl an Verletzungen in Gruppe A ist signifikant (p = 0,035) niedriger als in Gruppe O

5 Diskussion

Die Hypothese, dass eine Kopf- und Schweifstrickanbindung die Anzahl der Aufstehversuche, die Zeit bis zum Erreichen des sicheren Standes und das Auftreten von Verletzungen reduziert und die Aufstehqualität im Vergleich zum „freien“ Aufstehen verbessert, konnte mit der vorliegenden Arbeit bestätigt werden.

5.1 Diskussion der Methode

5.1.1 Patientenauswahl und –einteilung

Diese klinische Studie wurde an 301 Pferden, die im Zeitraum von Mai 2015 bis Juni 2016 für einen elektiven Eingriff in Allgemeinanästhesie gelegt wurden, durchgeführt. Es wurden ausschließlich Pferde verwendet, die dem ASA-Grad 1 und 2 entsprachen und maximal deutlich geringgradig lahm waren. Hintergrund dieser Studie war es, eine Vergleichbarkeit zwischen den Gruppen mit und ohne Aufstehhilfe zu schaffen und um den in der Literatur beschriebenen negativen Effekt eines schlechten Allgemeinbefindens (JOHNSTON et al. 2004; DUGDALE et al. 2016) auf die Aufstehphase auszuschließen zu können. Es wurden Pferde ab einem Jahr verwendet, die eine ausreichende Größe aufwiesen. Hierbei war die Größe des Halfters der limitierende Faktor. Pferde deren Kopf zu klein für das Halfter war, wurden nicht für die Studie verwendet. Bezüglich des Verhaltens, Geschlechts und des Gewichts gab es keinerlei Limitationen.

Insgesamt wurden 305 Aufstehphasen ausgewertet. Die Pferde wurden vor der Allgemeinanästhesie gepaart randomisiert und nach Art des Eingriffs (Operationsgruppen 1-4) in zwei Gruppen eingeteilt (Gruppe A: mit Aufstehhilfe, n = 153; Gruppe O: ohne Aufstehhilfe, n = 152). Dies ermöglichte eine vergleichbare Gruppenzusammensetzung im Hinblick auf Alter, Geschlecht, Rasse, Gewicht und Charakter. Dadurch konnte der mögliche einflussreiche Unterschied dieser Faktoren zwischen den Gruppen mit und ohne Aufstehhilfe auf die Aufstehphase ausgeschlossen werden.

Von einer Verblindung des Beobachters der Aufstehphase musste abgesehen werden, da er selbst an der Durchführung der Aufstehhilfe beteiligt war.

5.1.2 Narkoseführung und postanästhetische Sedation

Alle Probanden wurden nach einem Standardprotokoll der Klinik sediert und in Allgemeinanästhesie verbracht. Lediglich die Pferde, die einer Kastration oder Resektion einer Samenstrangfistel (Operation 2) unterzogen wurden, erhielten als Standardregime der Klinik 0,2-0,3 mg/kg KGW mehr Xylazin und kein Levomethadon zur Prämedikation, um eine mögliche Herabsetzung der Darmmotilität und eine damit einhergehende Steigerung des Kolikrisikos post operationem zu vermeiden. DÖNSELMANN IM SANDE et al. (2017) konnten eine thermische Antinozizeption für 60 Minuten bei Pferden, die Levomethadon in der Dosierung 0,1 mg/kg KGW erhalten haben, nachweisen. In der vorliegenden Studie erhielten die Pferde der Operationsgruppen 1, 3 und 4 Levomethadon in der Dosierung 0,05 mg/kg KGW zur Prämedikation. Durch die Dauer dieser Eingriffe von in der Regel über 60 Minuten, ist der Einfluss von Levomethadon auf die Aufstehphase und somit ein dadurch bedingter Unterschied zwischen den Aufstehphasen nach Operation 2 und den Aufstehphasen nach den restlichen Operationen fraglich. Auch die prämedikative Gabe von Flunixin-Meglumin hat laut Ergebnissen einer aktuellen Studie keinen Einfluss auf die Aufstehqualität (TAFFAREL et al. 2017). Durch die prämedikative Gabe von Flunixin-Meglumin und die postanästhetische Sedation mit Xylazin ist davon auszugehen, dass alle Probanden während der Aufstehphase analgetisch versorgt waren. Demnach sollten die Aufstehphasen nach den unterschiedlichen Eingriffen im Hinblick auf die Narkoseführung und postanästhetische Sedation vergleichbar gewesen sein. Dies deckt sich mit den Ergebnissen für die einzelnen Parameter „Erste Aktivität nach Narkoseende", „Erreichen der Sternallage nach Narkoseende", „Erster Aufstehversuch", die Anzahl der Aufstehversuche und die „Aufstehqualität", für die keine signifikanten Unterschiede zwischen den Operationsgruppen beobachtet werden konnten. Da es sich aber um unterschiedliche chirurgische Eingriffe handelt, die unterschiedlich schmerzhaft sind, kann der Einfluss von Schmerz auf die Aufstehphase nicht ausgeschlossen werden.

Die Anästhesiedauer ist ein weiterer Faktor, der Einfluss auf die Aufstehphase hat.

Je nach Dosis des Inhalationsanästhetikums und Länge der Anästhesie, kommt es zu einer unterschiedlich starken Verteilung des Anästhetikums in den Geweben, was in einer längeren Aufwachphase endet (STEFFEY 2009). Da die Anästhesiedauer für die Gruppen mit und ohne Aufstehhilfe aber nahezu identisch war, kann auch dieser

Effekt nicht den Unterschied in den Aufstehphasen mit und ohne Aufstehhilfe erklären.

5.1.3 Messverfahren

Zur Kalkulation der Medikamente wurde in dieser Klinik das Körpergewicht der Pferde vor dem Eingriff von dem jeweiligen Anästhesisten geschätzt. Laut einer internationalen Onlineumfrage zur derzeitigen Praxis in der Allgemeinanästhesie von Pferden, ist das Schätzen des Körpergewichts genauso üblich wie die Ermittlung des Körpergewichts mittels Waage (WOHLFENDER et al. 2015). Die Umfrage ergab außerdem, dass das Ausmessen der Pferde zur Bestimmung des Körpergewichts weniger verbreitet ist. Dennoch sollte im Rahmen dieser Studie untersucht werden, ob das Vermessen zur Bestimmung des Körpergewichts mittels Formel nach CARROL und HUNTINGTON (1988) praktikabel ist.

Das Vermessen der Pferde erfolgte im Rahmen der Narkosevoruntersuchung und war zum größten Teil ohne Sedation möglich. Das geschätzte Gewicht war im Durchschnitt 23 kg niedriger als das mittels Formel ermittelte Gewicht. Diese Abweichung scheint bei der Körpermasse von adulten Großpferden tolerierbar. Allerdings sind die Übereinstimmungsgrenzen im Hinblick auf die Dosierung von Medikamenten als kritisch anzusehen, da mit einer Wahrscheinlichkeit von 95 % das geschätzte Gewicht bis zu 78 kg über dem gemessenen Wert und bis zu 125 kg unter dem gemessenen Wert lag. Gründe für die große Schwankungsbreite können sowohl Ungenauigkeiten durch zum Bespiel Bewegungsartefakte während des Vermessens sein, als auch Ungenauigkeiten durch das Schätzen des Körpergewichts. Um genaue Vergleichsparameter zu den mittels Formel ermittelten Werten für das Gewicht zu haben, wäre es besser gewesen die Pferde zu wiegen. Da in der Klinik keine Waage zur Verfügung stand, musste auf das Schätzen des Körpergewichts ausgewichen werden. Deshalb kann auf Grundlage der Ergebnisse keine Aussage zur Zuverlässigkeit der Messmethode getroffen werden.

Da verschiedene Autoren den Einfluss des Charakters auf die Aufstehphase beobachten konnten (WHITEHAIR et al. 1993; MATTHEWS et al. 1998; HUBBELL 2005; LEECE et al. 2008; HUBBELL u. MUIR 2009) wurde im Rahmen der Narkosevoruntersuchung der Charakter, nach einer Modifikation des Scoringsystems nach VALVERDE et al. (2013), beurteilt. Das Scoringsystem umfasst 3 Kategorien, die das Verhalten des Pferdes während der Vorbereitung auf die Operation von ruhig über nervös bis hin zu gefährlich beschreiben (Tab. 3). Eine bessere Objektivierung des Charakters kann durch einen Novel Object Test erzielt werden (LANSADE et al. 2007), der in der gegebenen Situation jedoch nicht umsetzbar war. Auch die Verwendung weiterer Bewertungsschemata zur Beurteilung des Charakters während der Vorbereitung des Patienten auf die Operation, beim Einbringen des Venenverweilkatheters und beim Scheren und Waschen des Operationsfeldes, wären denkbar gewesen, um den Gesamteindruck des Charakters der Pferde genauer erfassen zu können. In der vorliegenden Arbeit erfolgte die Kategorisierung des Charakters vor dem Hintergrund einer gleichmäßigen Verteilung auf die Gruppen A und O. Der Score war einfach anwendbar, sodass eine gleichmäßige Verteilung auf die Gruppen A und O gelungen ist. Dadurch sollte der Einflussfaktor Charakter als Grund für den Unterschied in den Aufstehphasen zwischen den Gruppen A und O weitestgehend reduziert werden können.

5.1.4 Kopf- und Schweifstrickanbindung

Internationale Umfragen haben ergeben, dass eine Kopf- und Schweifstrickanbindung in nur wenigen Privat- und Universitätskliniken im In- und Ausland zum Standardmanagement der Aufstehphase bei Pferden nach Allgemeinanästhesie gehört, wobei sie in Nordamerika deutlich häufiger Anwendung findet als in Europa (KÄSTNER 2010; WOHLFENDER et al. 2015). Auch in dieser Pferdeklinik erfolgte die Aufstehphase vor Versuchsbeginn in der Regel ohne Assistenz, in Ausnahmefällen wurden Risikopatienten mit einem Hebegeschirr aufgestellt. Deshalb stellte die Etablierung einer Kopf- und Schweifstrickanbindung eine Umstellung in der Klinikroutine für das Personal dar. Das Montieren der Vorrichtungen in der Aufwachbox nach dem Vorbild der Klinik für Pferde der Tierärztlichen Hochschule Hannover war leicht umsetzbar.

Da nur Pferde in die Studie eingeschlossen wurden, denen nach visueller Begutachtung das Halfter passte, konnte sichergestellt werden, dass die Pferde in den Gruppen A und O eine vergleichbare Größe hatten. Der Schweifstrick ließ sich unabhängig von der Dicke und Länge des Schweifs gut anbringen.

Bei kleinen Pferden war es auffallend, dass sich aufgrund der größeren Entfernung vom Halfter und vom Schweifknoten zum Wandring eine Art „Schaukel“ bildete, sodass der Eindruck entstand, dass diese Pferde weniger gut fixiert werden konnten. Um den Größenunterschied auszugleichen wäre es denkbar, zusätzliche Wandringe

auf einer niedrigeren Höhe anzubringen. Da es sich aber bei der Mehrzahl des Patientenguts um Großpferde handelte, wurde davon abgesehen.
Die Aufstehhilfe wurde immer von zwei Personen durchgeführt, wobei nur in Ausnahmefällen eine dritte Person zur Unterstützung der Person am Schweifstrick hinzugerufen wurde. Bei der Person am Kopfstrick handelte es sich gleichzeitig um die für die Studiendurchführung verantwortliche Person. Die Person am Schweifstrick variierte je nach Verfügbarkeit und hatte meist keinerlei Erfahrung. Durch die Konstellation aus einer erfahrenen Person am Kopfstrick und einer unerfahrenen Person am Schweifstrick sollten möglichst praxisnahe Bedingungen geschaffen werden.
Nach erfolgloser unassistierter Aufstehphase musste bei drei Pferden eine Aufstehhilfe verwendet werden. Dies ist vergleichbar mit Ergebnissen einer aktuellen Studie in der vier Pferde nach erfolgloser unassistierter Aufstehphase eine Kopf- und Schweifstrickanbindung erhielten (RÜEGG et al. 2016). Grund für den Misserfolg in einem Fall könnte der späte Einsatz der Aufstehhilfe gewesen sein. Allerdings war es vorher für das Personal nicht möglich, gefahrfrei die Aufwachbox zu betreten (siehe 4.3.11). Im Vergleich zu der Studie von RÜEGG et al. (2016) gab es deutlich weniger Komplikationen mit der Technik der Aufstehhilfe selbst. Während bei RÜEGG et al. (2016) bei neun Pferden, Kopf- und-Schweifstrick neu aufgebaut werden mussten, weil die Pferde sich darin verdreht hatten, trat diese Komplikation in der vorliegenden Studie nur bei einem Pferd auf. Auch das Abfallen von Halfter oder von Halfter- oder Schweifstrick konnte nicht in dem Ausmaß beobachtet werden, ebenso wenig, wie das Umwickeln eines Beines durch den Strick. Da es in zwei Fällen in der vorliegenden Studie zu Problemen mit der Arretierung des Kopfstricks kam, wurde der Karabinerhaken im Laufe der Studie gegen einen Karabinerhaken mit Verriegelung ausgetauscht (siehe Abb. 2). Komplikationen durch die Kopf- und Schweifstrickanbindung, wie eine einseitige Lähmung des *N. facialis* oder ein Ausreißen von Schweifhaaren konnten in dieser Studie, im Vergleich zu Beschreibungen in der Literatur, nicht gesehen werden (CHIE NIIMURA et al. 2015). Wie auch die Autoren selbst vermuten (RÜEGG et al. 2016) ist anzunehmen, dass falsches Handling, ungeeignetes Equipment und unzureichende Fachkenntnis und/oder mangelnde Erfahrung zu den bei RÜEGG et al. (2016) beschriebenen Komplikationen geführt haben. Außerdem könnte ein weiterer Grund für die Komplikationen unzureichendes Training des Personals sowie mangelnde Routine

gewesen sein. Dafür spricht, dass die Autoren in ihrem Material- und Methodikteil anführen, dass die Daten von März 2008 bis Dezember 2015 retrospektiv ausgewertet wurden, sie aber erst seit 2012 standardisiert Patienten nach Laparotomien mit einer Kopf- und Schweifstrickanbindung aufstehen ließen. In Übereinstimmung mit dem Eindruck von WILDERJANS (2008) konnte auch hier der Eindruck gewonnen werden, dass wiederholtes Training sowohl den Ablauf als auch das Handling festigt. Die Methode ist leicht zu erlernen und anzuwenden. Dennoch besteht auch bei routinierter Anwendung keine Garantie auf Fehlerfreiheit.

Wie auch von HUBER (2009) beschrieben wurde, musste in keinem Fall die Aufstehhilfe aufgrund fehlender Akzeptanz vor dem Erreichen des sicheren Standes abgebaut werden. Nach Erreichen des sicheren Standes fielen ein paar Pferde mit Unruhe auf. Gründe für die auftretende Unruhe können das Temperament der Pferde, eine zu lange Verweildauer in den Seilen oder aber die Kopf- und Schweifstrickanbindung an sich sein. Dies lässt sich an dieser Stelle nicht eindeutig klären. HUBER (2009) konnte dagegen bei sieben von 60 Pferden gezielte Abwehrreaktionen nach Erreichen des sicheren Standes sehen. Sinnvoll wäre es die Aufstehhilfe immer zeitnah abzunehmen, um eine längere Verweildauer in den Seilen zu vermeiden. Dies war allerdings aufgrund der Knappheit des Personals nicht immer möglich.

Die Aufstehhilfe mit der Kopf- und Schweifstrickanbindung war einfach durchführbar und leicht für das Personal zu erlernen. Die von SALVADOR DEL CASTILLO und MATTHEWS (2005) als Nachteil aufgeführten erhöhten Kosten hielten sich in der vorliegenden Studie mit circa 600 € für Material und Montierung im Rahmen. Problematischer war dagegen die Bereitstellung von zwei Helfern, weil diese für die Klinik mit erhöhten Personalkosten verbunden war.

5.1.5 Monitoring der Aufwach- und Aufstehphase

Das Beobachtungs- und Messprotokoll ließ sich leicht in den Klinikalltag integrieren. Nachdem Narkose- und Operationsdauer protokolliert wurden, wurden der Zeitpunkt der ersten Aktivität, der Zeitpunkt des Erreichens der Sternallage, die Dauer der Sternalphase und der Zeitpunkt des ersten Aufstehversuchs protokolliert, um durch mögliche Unterschiede zwischen den Gruppen A und O auf eine mögliche Irritation der Pferde durch die Aufstehhilfe, die von anderen Autoren nicht ausgeschlossen werden konnte (CLARK-PRICE et al. 2008), schließen zu können.

Durch das Messen der Zeiten und das Zählen der Aufstehversuche war ein quantitativer Vergleich der Aufstehphasen zwischen den Gruppen A und O möglich. Darüber hinaus wurde die Qualität der Aufstehphase beurteilt. Allerdings sind verschiedene Autoren sich einig, dass es schwierig ist, die Qualität der Aufstehphase objektiv zu beurteilen, da es kein allgemein gültiges Bewertungsschemata gibt (CLARK-PRICE et al. 2008; PORTIER et al. 2010).

In der Studie wurde sich für die Recovery Quality Scale nach CLARK-PRICE et al. (2008) (siehe 3.3.10 u. Tab. 4) entschieden, weil es sich dabei um einen zusammengesetzten Score mit einer guten Bandbreite an Parametern handelt, der die Vorteile des Scoringsystems nach MATTHEWS et al. (1998) (siehe 2.5) und des Scoringsystems nach DONALDSON et al. (2000) (siehe 2.5) vereint. Ein weiterer Entscheidungsgrund für diesen Score war die hohe Übereinstimmung, die CLARK-PRICE et al. (2008) zwischen den verschiedenen Beobachtern sehen konnten, woraus sie schlussfolgerten, dass der Score gut zu verstehen und einfach anzuwenden ist, was in der vorliegenden Studie bestätigt werden kann.

Es war ein signifikanter Unterschied in der Aufstehqualität zwischen der Gruppe A und O festzustellen. Demnach war der Score entgegen der Bedenken von CLARK-PRICE et al. (2008) zumindest bei dieser hohen Stichprobenanzahl sensibel genug, um Unterschiede erkennbar zu machen. Auf die klinische Bedeutung des Unterschieds wird in der Diskussion der Ergebnisse eingegangen (siehe 5.2.6). Als Nachteil der Recovery Quality Scale ist die Ungenauigkeit zu nennen. So erhielt das Pferd, was aus nicht ausreichend geklärten Gründen nicht mehr aufstehen konnte und euthanasiert werden musste 75 Punkte für die Aufstehqualität (siehe Tab. 20, Pferd 9) wohingegen die höchste Punktzahl (87 Punkte) in der Studie für eine Aufstehphase vergeben wurde, in der das Pferd zwar diverse Schürfwunden erlitten hat, allerdings nicht euthanasiert werden musste (siehe Tab. 20, Pferd 1). Deshalb könnte es nützlich sein die Recovery Quality Scale zu erweitern, um besondere Vorkommnisse, wie zum Beispiel Verletzungen oder das Unvermögen den sicheren Stand zu erreichen, aufgreifen zu können.

Im Vergleich zu HUBER (2009), die die Zeit dokumentiert haben, in der die Pferde eine aktive Unterstützung durch die Seile brauchten, wurde hier die Zeit, in der eine aktive Unterstützung notwendig war, nicht erfasst. Es wurde nur der Zeitpunkt der Abnahme von Schweif- und Kopfstrick dokumentiert. Da das zeitnahe Lösen des Schweifstricks und/oder des Kopfstricks aus organisatorischen Gründen teilweise schwierig umsetzbar war, ist der Zeitpunkt der Abnahme kein genauer Anhaltspunkt für die tatsächlich benötigte Zeit der Unterstützung. Die zum Teil längere Verweildauer an den Seilen könnte die Unruhe, die bei einigen Pferden beobachtet wurde, erklären und kann nicht unbedingt als unzureichende Akzeptanz der Aufstehhilfe gedeutet werden. Rückblickend wäre es sinnvoll gewesen die tatsächliche „Ropetime“, wie sie HUBER (2009) beschrieben hat, zu dokumentieren. Ähnlich dem Vorgehen nach MATTHEWS et al. (1998) wäre es zudem zielführend gewesen auch das Verhalten nach Erreichen des sicheren Standes zu beurteilen und für beide Gruppen den Zeitpunkt zu protokollieren, an dem die Pferde in der Lage waren die Aufwachbox zu verlassen, um einen direkten Vergleich herstellen zu können.

Wie bereits von CLARK-PRICE et al. (2008) vermutet wurde, ist der Einfluss von externen Stimuli wie Umgebungslärm durch Personal, Schwerlastkran und Reinigungsmaschinen auf die Aufwachphase möglich. Durch die räumliche Nähe und die fehlende akustische Abschottung der Aufwachbox zum Operationssaal ist der Einfluss von Umgebungslärm auf die Aufstehphase sogar sehr wahrscheinlich, wurde hier aber nicht gesondert festgehalten. Zur genauen Evaluation wäre es sinnvoll gewesen den Umgebungslärm, wie bei DONALDSON et al. (2000), zu scoren oder zu messen. Da der Umgebungslärm allerdings für alle Aufstehphasen ähnlich war, sollte dieser nicht den Grund für den Unterschied in den Aufstehphasen mit und ohne Aufstehhilfe darstellen.

Um den Einfluss von verschiedenen Beobachtern auf die Beurteilung der Aufstehphase möglichst gering zu halten, wurde die Aufstehphase immer von derselben Person beurteilt, die immer die Position am Kopfstrick einnahm. Dabei kann der subjektive Einfluss auf die Beurteilung nicht ausgeschlossen werden.

Um die Anwendung des Scores weniger abhängig von einem Beobachter zu machen wäre es möglich gewesen, die Aufstehphasen zu filmen, um sie von unabhängigen Beobachtern beurteilen zu lassen. Allerdings war es nicht Gegenstand dieser Studie den von CLARK-PRICE et. al. (2008) entwickelten Score auf eine Übereinstimmung zwischen verschiedenen Beobachtern zu prüfen, da dies bereits von den Autoren selbst durchgeführt worden ist.

In einer Studie in der drei Bewertungsschemata zur Evaluation der Aufstehphase verglichen wurden, wurde vermutet, dass unerfahrene Beobachter im Vergleich zu erfahrenen Beobachtern Aufstehphasen tendenziell weniger streng beurteilen

(SUTHERS et al. 2011). Diese Annahme lässt vermuten, dass die Aufstehqualität durch einen erfahrenen Beobachter wahrscheinlich schlechter ausgefallen wäre. Andere Autoren wiederum haben herausgefunden, dass Erfahrung, Hintergrund und Geschlecht der Beobachter zumindest bei bestimmten Bewertungsschemata keinen Einfluss auf die Bewertung haben (VETTORATO et al. 2010; FARMER et al. 2014). Da sich ein Unterschied zwischen Gruppe A und O nicht nur aus dem Ergebnis des qualitativen Scores, sondern auch aus den Aufstehzeiten, der Anzahl an Aufstehversuchen und den Ergebnissen der Untersuchungen post operationem ergibt, wurde der nicht auszuschließende subjektive Einfluss durch die Recovery Quality Scale akzeptiert.

Im Anschluss an die Aufstehphase, mit variierenden Untersuchungszeitpunkten und einen Tag post operationem, erfolgte nochmals eine klinische Allgemeinuntersuchung der Patienten. Hier wäre eine Standardisierung des Untersuchungszeitpunktes im Anschluss an die Aufstehphase eventuell besser gewesen. Andererseits lag der Schwerpunkt bei den Untersuchungen post operationem auf der Protokollierung von Verletzungen und Neuropathien, die unabhängig vom Untersuchungszeitpunkt feststellbar waren.

5.2 Diskussion der Ergebnisse

5.2.1 Zeitpunkt der ersten Aktivität und Erreichen der Sternallage

Entgegen der Vermutung einiger Autoren, dass Pferde durch die Aufstehhilfe irritiert und zum verfrühten Aufstehen animiert werden könnten (CLARK-PRICE et al. 2008), konnte in dieser Studie kein Unterschied zwischen dem Zeitpunkt der ersten Aktivität und dem Erreichen der Sternallage für die Gruppen A und O gesehen werden. Externe Stimuli sollen einen negativen Effekt auf die Aufstehphase haben können (BETTSCHART-WOLFENSBERGER 2012). Die Autorin sieht eine Dauer von mindestens 20 Minuten in Seitenlage als ideal an, was in der vorliegenden Studie mit einer Dauer von 26 ± 15 Minuten in Seitenlage gegeben war.

Die Lagerung hatte einen signifikanten Einfluss auf den Zeitpunkt der ersten Aktivität und das Erreichen der Sternallage nach Narkoseende. Pferde, die intraoperativ auf der Seite gelagert wurden zeigten im Durchschnitt 5 ± 2 Minuten früher eine erste Aktivität und erreichten im Durchschnitt 5 ± 1 Minute früher die Sternallage als Pferde die intraoperativ auf dem Rücken gelagert wurden. Diese Ergebnisse decken sich mit denen von HOPSTER (2007), der ebenfalls eine schnellere Aufwachphase nach intraoperativer Lagerung auf der Seite, vermutlich durch weniger Atelektasen, einen besseren Gasaustausch und eine dadurch bedingte schnellere Abatmung des Isoflurans, beobachten konnte.

Interessant ist, dass das Alter nur bei Ponys und bei Pferden der Operationsgruppe 1 einen signifikanten Einfluss auf die erste Aktivität hatte. Auch auf das frühere Erreichen der Sternallage hatten das Alter von Ponys, das Alter von Pferden ohne Aufstehhilfe und das Alter von Ponys mit Aufstehhilfe einen Einfluss. Ein möglicher Grund dafür könnte, wie es auch von anderen Autoren vermutet wird (WILDERJANS 2008), Schmerz sein. Es besteht der Eindruck, dass ältere Pferde meist einer Arthroskopie (Operationsgruppe 1) wegen Lahmheit unterzogen wurden, während jüngere Pferde aufgrund ihres röntgenologischen Befundes einer Osteochondrosis dissecans, häufig ohne klinische Symptomatik, einem chirurgischen Eingriff unterzogen wurden. Dabei bleibt fraglich, ob eine vorausgehende Lahmheit an sich, da die Pferde, die in diese Studie eingegangen sind maximal deutlich geringgradig lahm waren, oder die Größe des Fragments, sprich die Läsionen im Gelenk, ursächlich für den postoperativen Schmerz waren. Interessant ist auch, dass Ponys mit Aufstehhilfe später die Sternallage erreichten als ohne. Grund hierfür könnten besondere Charaktereigenschaften der Ponys sein. Das Traber signifikant früher eine erste Aktivität nach Operation 4 (Operationen am Kopf (Vitrektomien etc.)) als nach Operation 1 zeigten, könnte an der Probandenanzahl liegen, da sich in der Operationsgruppe 4 nur drei Traber befanden. Demnach hat dieses Ergebnis vermutlich keine klinische Relevanz.

5.2.2 Dauer der Sternalphase

Die Dauer der Sternalphase erscheint mit einem Median von 4 [0-40] Minuten insgesamt etwas kurz. Allerdings wurden in dieser Studie ausschließlich Aufstehphasen nach elektiven Eingriffen mit einer kurzen Anästhesiedauer ausgewertet, für die die Dauer der Sternalphase nach subjektivem Empfinden ausreichend war. Je nach Autor wird die ideale Dauer der Sternalphase mit zehn bis zwanzig Minuten angegeben (HUBBELL 2005; BETTSCHART-WOLFENSBERGER 2012), da in dieser Position die Abatmung des volatilen Anästhetikums erleichtert ist und so das Pferd wieder sein Bewusstsein erlangen kann. Zudem konnte eine Studie

feststellen, dass in dieser Position der Blutdruck und die arterielle Oxygenierung besser sind (GASTHUYS et al. 1991).
Die Aufstehhilfe hatte in der vorliegenden Untersuchung keinen Einfluss auf die Dauer der Sternalphase, weshalb davon auszugehen ist, dass die Pferde nicht durch die Aufstehhilfe irritiert wurden. Aber die Art der Operation hatte einen signifikanten Einfluss. Grund für die signifikant längere Sternalphase nach Operation 1 (Arthroskopien/Tendovaginoskopien/Fesselringband-Desmotomien) im Vergleich zu der Sternalphase nach Operation 3 (Griffelbein-Amputationen und sonstige orthopädische Eingriffe) könnte wiederum der Einfluss von Schmerz sein, da der subjektive Eindruck besteht, dass Schmerz zu verfrühten Aufstehversuchen führt (WILDERJANS 2008). Dieser Eindruck wird von der Auffassung weiterer Autoren, die sich mit der Schmerzerkennung bei orthopädischen Patienten beschäftigt haben, geteilt (BUSSIERES et al. 2008). Vermutlich ist der postoperative Schmerz nach einer Osteoektomie eines frakturierten Griffelbeins stärker als nach einer Arthroskopie, was den Unterschied in der Dauer der Sternalphase erklären könnte.

5.2.3 Erster Aufstehversuch nach Narkoseende

Die Vermutung, dass Pferde durch eine Kopf- und Schweifstrickanbindung früher einen ersten Aufstehversuch wagen als ohne Assistenz (CLARK-PRICE et al. 2008), konnte diese Studie nicht bestätigen.
Dagegen hatte die Rasse, korrigiert um die Kovariate Gewicht, einen signifikanten Einfluss. Gründe für den früheren ersten Aufstehversuch bei Trabern mit Aufstehhilfe im Vergleich zu Warmblütern mit Aufstehhilfe könnten genetische Faktoren, besondere Charaktereigenschaften und die Körperform sein.
Auch die Lagerung hatte einen signifikanten Einfluss auf den ersten Aufstehversuch. Die Pferde, die während der Operation 1 in Seitenlage gelagert wurden unternahmen im Mittel 7 ± 1 Minute früher einen ersten Aufstehversuch als Pferde, die während der Operation 1 auf dem Rücken gelagert wurden. Gründe hierfür könnten zum einen die reduzierte Ventilation (siehe 5.2.1) und eine verminderte Perfusion der Muskulatur in Rückenlage im Vergleich zur Seitenlage sein, da die kardiovaskuläre Depression bei Pferden in Rückenlage ausgeprägter ist (GASTHUYS et al. 1991).
Das Traber signifikant früher einen ersten Aufstehversuch nach Operation 4 als nach Operation 1 und innerhalb der Operationsgruppe 4 im Vergleich zu den Warmblütern

wagten, ist wahrscheinlich ohne klinische Relevanz, da sich in der Operationsgruppe 4 nur drei Traber befanden.

5.2.4 Anzahl der Aufstehversuche

Der Median der Anzahl der Aufstehversuche für alle Eingriffe insgesamt ist mit 2 [1-34] niedrig. Grund hierfür könnten das gute Allgemeinbefinden der Pferde (CZUPALLA 2012), das junge Durchschnittsalter und die Beobachtung ausschließlich elektiver Eingriffe mit kurzer Anästhesiedauer sein. Die beobachtete Anzahl der Aufstehversuche der Gruppe A stimmt mit den Angaben in der Literatur weitestgehend überein. LAMMER (2008) konnte retrospektiv bei 600 Pferden nach Allgemeinanästhesie, wobei 50 Pferde mit einer Kopf- und Schweifstrickanbindung unterstützt wurden und einer mit Hilfe eines Netzes aufgestanden ist, im Mittel 1,6 ± 1,13 Aufstehversuche mit einer Spannweite von (1-8) beobachten. Die Autorin konnte, wie auch AUER und HUBER (2013), keinen Unterschied zwischen einer unassistierten und einer assistierten Aufstehphase sehen. Dagegen konnte HUBER (2009) tendenziell eine Reduktion der Anzahl der Aufstehversuche mit Aufstehhilfe bei Risikopatienten und Operationen über 90 Minuten beobachten. Die signifikante Reduktion der Anzahl der Aufstehversuche in der vorliegenden Studie nach elektiven Eingriffen könnte auch durch das Design der Studie erklärt werden. In dieser Studie erhielten die Pferde randomisiert eine Aufstehhilfe wohingegen die Pferde bei LAMMER (2008) vermutlich gezielt eine Aufstehhilfe erhalten haben, wenn es Indikationen dafür gab. Die Autorin berichtet davon, dass 47 von 600 Pferden (7,8 %) vier oder mehr Aufstehversuche benötigten. In der vorliegenden Studie benötigten dagegen 69 Pferde von 152 gemessenen Aufstehphasen (45,4 %) der Gruppe O vier oder mehr Aufstehversuche wohingegen in der Gruppe A nur 13 Pferde von 153 gemessenen Aufstehphasen (8,4 %) vier oder mehr Aufstehversuche benötigten. Der Vergleich zeigt, dass die Anzahl der Aufstehversuche in der Gruppe O deutlich höher war. Die Diskrepanz zu dem Ergebnis von LAMMER (2008) könnte, neben vielen unbestimmten Faktoren, in der Dokumentation und in der retrospektiven Auswertung bei LAMMER (2008) begründet sein.

Die Verteilung der Pferde, die einen Aufstehversuch in der Gruppe A benötigten (52,94 %) stimmt mit denen von HUBER (2009) (58,3 % der Pferde benötigten einen Aufstehversuch) überein. Dies unterstützt das Ergebnis der vorliegenden Arbeit, dass

die Aufstehhilfe unabhängig von der vorangehenden Art eines elektiven chirurgischen Eingriffs einen signifikanten positiven Effekt hat.
Bei Trabern war als einzige Rasse kein signifikanter Unterschied in der Anzahl der Aufstehversuche zwischen den Gruppen A und O erkennbar. Insgesamt brauchte diese Rasse deutlich weniger Aufstehversuche als die anderen Rassen, was den weniger deutlichen Effekt der Aufstehhilfe erklären könnte. Grund für die insgesamt geringere Anzahl an Aufstehversuchen bei den Trabern könnten besondere Charaktereigenschaften, die sich allerdings in dem modifizierten Score nach VALVERDE et al. (2013) widergespiegelt hätten und die Konformation sein.
Dass alle Rassen eine ähnliche Anzahl an Aufstehversuchen mit Aufstehhilfe zeigten und nur bei den Pferden ohne Aufstehhilfe die Rasse einen signifikanten Einfluss hatte, zeigt, dass die Aufstehhilfe, unabhängig von der Rasse und darüber hinaus auch unabhängig vom Charakter, einen positiven Effekt auf die Aufstehphase haben kann. Der Vergleich der sonstigen Rassen mit den Trabern und der Vergleich der Warmblüter mit den Trabern lassen darauf schließen, dass sonstige Rassen und Warmblüter besonders von der Aufstehhilfe profitieren. Gründe hierfür könnten insbesondere das Gewicht, was eng mit der Rasse korreliert (DUGDALE et al. 2016) und die Körperform sein, da sich unter den sonstigen Rassen einige Rassen mit großen ausgeprägten Muskelpartien wie zum Beispiel Friesen befinden (siehe Tab. 5), bei denen der klinische Eindruck gewonnen wurde, dass sie bevorzugt schlechtere Aufstehphasen haben.
Wie auch LAMMER (2008) beschreibt, hatten das geschätzte Gewicht, das Alter und die Operationsindikation keinen signifikanten Einfluss auf die Anzahl der Aufstehversuche. Allerdings konnte in der vorliegenden Studie gesehen werden, dass das Gewicht bei der Operationsgruppe 1 einen signifikanten Einfluss auf die Anzahl der Aufstehversuche sowohl für die Pferde der Gruppe A als auch für die Pferde der Gruppe O hatte und, dass bei Pferden der Gruppe O mit zunehmendem Gewicht die Anzahl an Aufstehversuchen anstieg. Dies deckt sich mit den Beobachtungen aus einer anderen Studie, die einen engen Zusammenhang zwischen einem höherem Körpergewicht und einer schlechteren Aufstehphase beschreibt (DUGDALE et al. 2016).
Darüber hinaus konnte in dieser Studie gezeigt werden, dass die Lagerung während der Operation 1 keinen signifikanten Effekt auf die Anzahl der Aufstehversuche hatte.

Dies stimmt mit den Ergebnissen von JOHNSTON et al. (2002) überein, die auch keinen Einfluss der Lagerung auf die Aufstehphase erkennen konnten.
Die signifikant geringere Anzahl an Aufstehversuchen nach Operation 2 (Kastrationen/Kryptorchidektomien/Samenstrangfistelektomien) im Vergleich zu Operation 4 (Operationen am Kopf (Vitrektomien etc.)) bei Warmblütern könnte an der kürzeren Narkosedauer der Operation 2 gelegen haben. Dies würde das Ergebnis der Studie von LAMMER (2008) unterstützen, in der die Dauer der Allgemeinanästhesie einen signifikanten Einfluss auf die Anzahl der Aufstehversuche hatte. Auch DUGDALE et al. (2016) konnten sehen, dass mit einer Verlängerung der Anästhesiedauer die Wahrscheinlichkeit der Verschlechterung der Aufstehphase proportional ansteigt. Darüber hinaus ist in der Literatur eine höhere Anzahl an Aufstehversuchen nach chirurgischen Eingriffen am Auge im Vergleich zu der Anzahl an Aufstehversuchen nach Operationen von Griffelbeinfrakturen beschrieben (PARVIAINEN u. TRIM 2000). PARVIAINEN und TRIM (2000) nannten als mögliche Gründe Schmerz und den plötzlichen Visusverlust, der bei einigen Patienten in Desorientierung resultiert. Da es sich bei den chirurgischen Eingriffen am Kopf in dieser Studie zum Teil auch um Vitrektomien handelte, ist eher von einem Visusgewinn als von einem Visusverlust auszugehen, der aber nach subjektivem Eindruck zu Beginn der Aufstehphase häufig auch in einer Desorientierung mündete. Allerdings sind die Ergebnisse in dieser Untergruppe wegen der niedrigen Stichprobengröße als vorsichtig zu interpretieren.
Gründe für die signifikant geringere Anzahl an Aufstehversuchen bei Ponys im Vergleich zu sonstigen Rassen nach Operation 3 (Griffelbein-Amputationen und sonstige orthopädische Eingriffe) könnten wiederum besondere Charaktereigenschaften sowie die Konformation der Ponys sein.

5.2.5 Erreichen des sicheren Standes nach Narkoseende

Die Kopf- und Schweifstrickanbindung hatte in der vorliegenden Studie einen signifikanten Einfluss auf das Erreichen des sicheren Standes. Pferde erreichten ohne Aufstehhilfe im Durchschnitt 3 ± 3 Minuten später den sicheren Stand. Grund dafür könnte die höhere Anzahl an Aufstehversuchen ohne Aufstehhilfe sein. Dies weicht ab von den Ergebnissen von RÜEGG et al. (2016), die keinen Unterschied in der Aufstehdauer zwischen den Pferden mit und ohne Aufstehhilfe erkennen konnten. Auch steht es im Widerspruch zu den Ergebnissen von AUER und HUBER

(2013), die sehen konnten, dass Pferde ohne Kopf- und Schweifstrickanbindung früher den sicheren Stand erreichten.

Im Vergleich zu der Studie von CLARK-PRICE et al. (2008) erreichten die Pferde der vorliegenden Studie insgesamt sowohl mit als auch ohne Aufstehhilfe später den sicheren Stand. Das Fehlen der Überwachung des in- und exspiratorischen Isoflurangehalts, stellt einen Erklärungsgrund für das insgesamt spätere Erreichen des sicheren Stands dar. Die Narkosetiefe wurde klinisch an den Schutzreflexen und der Bulbusstellung gemessen, was dazu geführt haben kann, dass die Pferde tiefer in Anästhesie gehalten wurden als die Pferde bei CLARK-PRICE et al. (2008), bei denen die Narkosetiefe zusätzlich durch das Messen des in- und exspiratorischen Isoflurangehalts überwacht wurde. Als Endresultat ist eine höhere Isofluran-Ausgangskonzentration beim Erreichen der Aufwachbox denkbar, welche in einer verlängerten Aufwachphase zum Ausdruck kommen kann.

Da das Messen des invasiven Blutdrucks nicht zum Standardregime der Klinik gehörte, kann an dieser Stelle auch keine genaue Auskunft zu diesem Parameter gegeben werden. Demnach ist es denkbar, dass einige Patienten unter einer perianästhetischen Hypotension litten, die sich in einer Verlängerung der Aufstehphase äußern kann (VOULGARIS u. HOFMEISTER 2009).

In einer Studie, in der der Einsatz von Atracurium während der Allgemeinanästhesie des Pferdes untersucht wurde, konnten die Autoren eine Verlängerung der Aufstehdauer ohne den Einsatz von Atracurium sehen (HOPSTER et al. 2013). Die Autoren führten dies auf schlechtere Perfusionsverhältnisse, aufgrund einer höheren notwendigen Isoflurankonzentration zum Erreichen einer Muskelrelaxation mit zentraler Bulbusposition, zurück (HOPSTER et al. 2013). Ein weiterer möglicher Grund für das insgesamt spätere Erreichen des sicheren Standes bei den Probanden der vorliegenden Studie im Vergleich zu den Pferden von CLARK-PRICE et al. (2008) könnte der Zeitpunkt der Gabe der postanästhetischen Sedation sein. In der Studie von CLARK-PRICE et al. (2008) erfolgte die postanästhetische Sedation mit Xylazin erst bei Extubation. Dies kann dazu führen, dass die Pferde schon vorzeitig einen Aufstehversuch wagten und die Wirkung von Xylazin erst verspätet während des ersten Aufstehversuchs oder gar nicht mehr vollständig einsetzte. In der vorliegenden Studie erhielten die Pferde bei Anzeichen von Nystagmus und/oder häufig unmittelbar nach Erreichen der Aufwachbox eine postanästhetische Sedation. Dies könnte den zeitlichen Unterschied von 9-12 Minuten in der Dauer bis zum

Erreichen des sicheren Standes im Vergleich zu CLARK-PRICE et al. (2008) erklären.

Bei Betrachtung des geringen zeitlichen Unterschieds für das Erreichen des sicheren Standes zwischen den Gruppen A und O stellt sich die Frage der klinischen Relevanz. Da der zeitliche Unterschied vermutlich mit einer höheren Anzahl an Aufstehversuchen in Zusammenhang steht, mit der das Verletzungsrisiko ansteigen kann, hat auch dieser geringe zeitliche Unterschied indirekt eine klinische Bedeutung.

Bei Betrachtung der Zeiten des Erreichens des sicheren Standes für die einzelnen Rassen werden die Unterschiede deutlicher. Warmblüter erreichten mit Aufstehhilfe signifikant früher (ca. 5 Minuten), sonstige Rassen sogar circa 10 Minuten und Traber erreichten circa 5 Minuten früher den sicheren Stand mit Aufstehhilfe als ohne. Dies war allerdings nicht statistisch signifikant. Auch VOULGARIS und HOFMEISTER (2009) konnten sehen, dass Warmblüter mit Aufstehhilfe signifikant früher den sicheren Stand erreichten. Demnach wird deutlich, dass Warmblüter in Bezug auf diesen Parameter besonders von der Aufstehhilfe profitieren. Mögliche Gründe, die auch von VOULGARIS UND HOFMEISTER (2009) aufgeführt werden, könnten besondere Charaktereigenschaften, die Körperform, das Körpergewicht, Unterschiede im Körperfett und ein Unterschied in der Verteilung des Blutvolumens im Vergleich zu anderen Rassen sein. Ponys und Kleinpferde brauchten als einzige Rasse mit Aufstehhilfe 4,5 Minuten länger bis zum Erreichen des sicheren Standes als ohne Aufstehhilfe. Dies ist allerdings weder statistisch signifikant noch ist die klinische Relevanz klar. Ursächlich könnten auch hier besondere Charaktereigenschaften der Ponys sein.

Wie auch WHITEHAIR et al. (1993) sehen konnten, dass das Temperament/der Charakter einen Einfluss auf das Erreichen des sicheren Standes hat, konnte in dieser Studie gezeigt werden, dass umgängliche, nervenstarke Pferde signifikant früher den sicheren Stand erreichten als Pferde, die schwieriger im Umgang waren (Kategorie 2 und 3).

Während JOHNSTON et al. (2002) keinen Einfluss der Lagerung auf die Aufstehphase sehen konnten, erreichten in der vorliegenden Studie, die Pferde, die während der Operation in Seitenlage gelagert wurden früher den sicheren Stand als Pferde, die während der Operation in Rückenlage gelagert wurden. Gründe dafür könnten die bereits genannte bessere Ventilation und damit das schnellere Abatmen

des Anästhetikums, die bessere Oxygenierung und die bessere Perfusion in Seitenlage im Vergleich zur Rückenlage sein (DOBSON et al. 1985; NYMAN u. HEDENSTIERNA 1989; GASTHUYS et al. 1991).
Im Gegensatz zu HUBER (2009) konnte kein Zusammenhang zwischen dem Alter und dem Erreichen des sicheren Standes gesehen werden. Dies könnte unter anderem daran liegen, dass das Durchschnittsalter insgesamt mit 6,5 ± 4,7 Jahren der hier untersuchten Pferdepopulation relativ gering war.
Die Art des Eingriffs hatte in der vorliegenden Studie im Vergleich zu der Studie von LAMMER (2008) keinen Effekt. Ein Grund hierfür könnte sein, dass bei der vorliegenden Studie nur Aufstehphasen nach elektiven Eingriffen berücksichtigt wurden. LAMMER (2008) konnte sehen, dass Pferde nach Kolikoperationen später standen als nach Arthroskopien. Dies kann wiederum in einer schlechten hämodynamischen Versorgung begründet sein (VOULGARIS u. HOFMEISTER 2009). Dieselben Autoren beschreiben als Endresultat eine Schwäche in der Aufstehphase nach Kolikoperationen, die letztlich, laut Beobachtungen der Autoren, in einer verlängerten Aufstehphase münden kann. Zum anderen konnten andere Studien einen engen Zusammenhang zwischen der Anästhesiedauer und dem Erreichen des sicheren Standes beobachten (LAMMER 2008; HUBER 2009; VOULGARIS u. HOFMEISTER 2009). Da die Anästhesiedauer sich nicht signifikant zwischen den Eingriffen in der vorliegenden Studie unterschied, konnte auch bezüglich dieses Parameters kein Zusammenhang gesehen werden.
Bei Betrachtung der Operationsgruppen der vorliegenden Studie fiel auf, dass Pferde nach der Operation 3 (Griffelbein-Amputationen und sonstige orthopädische Eingriffe) signifikant früher mit als ohne Aufstehhilfe standen. Ein Grund dafür könnte sein, dass die Anzahl der Aufstehversuche nach der Operation 3 insgesamt höher war, weshalb der positive Einfluss der Aufstehhilfe sowohl auf die Anzahl der Aufstehversuche als auch auf das Erreichen des sicheren Standes deutlicher wurde.

5.2.6 Aufstehqualität

Für alle beobachteten Pferde lag der Median des Scores für die Aufstehqualität bei 32 [11-87]. Der Wert war niedriger im Vergleich zu den Werten, die in der Studie von CLARK-PRICE et al. (2008) ermittelt wurden. Ein Grund hierfür könnte die Verwendung der Kopf-und Schweifstrickanbindung bei der Hälfte der Probanden (n = 153), in der vorliegenden Studie, gewesen sein. Während AUER und HUBER

(2013) keinen Unterschied in der Aufstehqualität zwischen den Aufstehphasen mit und ohne Kopf- und Schweifstrickanbindung sehen konnten, zeigten die Pferde mit einer Kopf- und Schweifstrickanbindung in dieser Studie eine signifikant bessere Aufstehqualität. Durch die Aufstehhilfe wurden der erste und falls nötig auch weitere Aufstehversuche unterstützt, indem die Pferde mit Hilfe des Kopfstricks in die richtige Richtung gelenkt und mit Hilfe des Schweifstricks in ihrer Längsachse stabilisiert wurden. Dadurch konnten unkoordinierte Aufstehversuche und ungesteuertes Umherfallen vermieden werden, was sich positiv auf die Bewertung, mittels der Recovery Quality Scale nach CLARK-PRICE et al. (2008), auswirkte. Der Vergleich der Mediane für die Gruppen mit Aufstehhilfe 28 [15-70] und ohne Aufstehhilfe 38 [11-87] mit den Ergebnissen aus der Studie von CLARK-PRICE et al. (2008) zeigt, dass die Aufstehqualität in der Gruppe mit Aufstehhilfe deutlich besser war. Bei den Werten von CLARK-PRICE et al. (2008) handelt es sich um Mittelwerte, allerdings sind beim Vergleich der Mediane mit den Mittelwerten in der vorliegenden Studie keine großen Unterschiede erkennbar gewesen. Tendenziell ist eher davon auszugehen, dass die Aufstehqualität besser war, da die Daten sehr rechtsschief verteilt waren. Die Werte für die Aufstehqualität für die Pferde ohne Aufstehhilfe waren vergleichbar mit den Werten aus der Studie von CLARK-PRICE et al. (2008). Ein anderer Grund für den insgesamt niedrigeren Score könnte die Unerfahrenheit des Beobachters in der vorliegenden Studie sein, da SUTHERS et al. (2011) behaupten, dass naive Beobachter die Aufstehqualität insgesamt positiver beurteilen als erfahrene Beobachter, die in der Studie von CLARK-PRICE et al. (2008) die Beobachtung durchgeführt haben. Die im Vergleich zu der bei CLARK-PRICE et al. (2008) größere angegebene Variabilität, lässt sich mit der größeren Stichprobenzahl erklären.

Vergleichbar mit Angaben aus der Literatur (WHITEHAIR et al. 1993; MUIR u. HUBBELL 2009) konnte auch die vorliegende Studie den signifikanten Einfluss des Charakters auf die Aufstehqualität bekräftigen und die Aussage von HUBBELL (2005) bestätigen, dass gelassenere Pferde bessere Aufwachphasen haben. Unabhängig vom Charakter gab es einen signifikanten Unterschied zwischen den Gruppen mit und ohne Aufstehhilfe. Dies belegt die mögliche Anwendbarkeit der Aufstehhilfe auch bei Pferden, die schwierig im Umgang sind.

Mit Zunahme der Anästhesiedauer kam es zu einer Verschlechterung der Aufstehqualität. Dies stimmt mit den Ergebnissen verschiedener Autoren überein

(HUBER 2009; CZUPALLA 2012; DUGDALE et al. 2016). LAMMER (2008) konnte hingegen keinen Zusammenhang zwischen der Anästhesiedauer und der Aufstehqualität sehen. Die Signifikanz in der vorliegenden Studie sollte allerdings kritisch bewertet werden, da sich in der linearen Regression keine gute Assoziation zwischen Score und Narkosedauer gezeigt hat und der Score nur zu 1,34 % durch die Narkosedauer erklärt werden kann. Ein Grund dafür könnte die durchschnittlich mit 70,2 ± 27,4 Minuten kurze Anästhesiedauer sein.

Durch den direkten Vergleich der Werte der Aufstehqualität für die Operationsgruppe 4 (Operationen am Kopf (Vitrektomien etc.)) mit den Werten von CLARK-PRICE et al. (2008) fiel auf, dass die Aufstehqualität der Gruppe ohne Aufstehhilfe tendenziell etwas schlechter war und die Aufstehqualität in der Operationsgruppe 4 insgesamt etwas schlechter im Vergleich zu den anderen Operationsgruppen zu sein schien. Dies deckt sich mit Ergebnissen aus anderen Studien, die von schlechteren Aufstehphasen nach chirurgischen Eingriffen am Auge berichten (PARVIAINEN u. TRIM 2000). Der Scorewert der Gruppe O scheint für die Aufstehphasen nach Operation 4 im Vergleich zu den Scorewerten, die HOPSTER et al. (2013) ermittelt haben, deutlich höher zu sein. Verantwortlich dafür könnte die starke, rechtsschiefe, Verteilung der Werte sein, die fälschlicherweise den Eindruck eines statistisch großen Unterschieds entstehen lässt.

Statistisch gesehen hat die Art der Operation aber keinen signifikanten Einfluss auf die Aufstehqualität. Außerdem liegt keine signifikante Interaktion zwischen der Art der Operation und der Aufstehhilfe vor. Bei allen untersuchten Operationsarten scheint die Verwendung einer Aufstehhilfe demnach einen Vorteil zu bieten.

5.2.7 Besonderheiten während der Aufstehphase und Verletzungen

Festlegen der Pferde in der Aufwachbox konnte sowohl mit als auch ohne Aufstehhilfe beobachtet werden und ist möglicherweise eher auf die Form der Aufwachbox als auf die Verwendung einer Kopf- und Schweifstrickanbindung zurückzuführen. Von manchen Autoren wird deshalb eine oktaedrische Gestalt der Aufwachbox empfohlen, um ein Festlegen der Pferde in den Ecken möglichst zu vermeiden (BETTSCHART-WOLFENSBERGER 2012). Zusätzlich zu der Form der Aufwachbox ist die Größe der Aufwachbox ausschlaggebend. HUBBELL und MUIR (2009) empfehlen deshalb eine Größe der Aufwachbox für ein 500 kg schweres

Pferd von 4 x 4 m. Die in dieser Studie verwendete Aufwachbox war mit 2,30 x 2,36 m deutlich kleiner, was möglicherweise zum Festlegen beigetragen hat.

Insgesamt gibt es wenige Studien, die sich mit der postanästhetischen Erkrankungsrate bei Pferden beschäftigt haben. Die Morbiditätsrate der vorliegenden Studie liegt mit 3,6 % deutlich unter der von SENIOR et al. (2007) angegebenen Erkrankungsrate von 13,7 %. Allerdings zählen in die Erkrankungsrate von SENIOR et al. (2007) auch Koliken, Thrombophlebitiden, verlängerte Aufstehphasen, Hyperthermie/Fieber, Pferde mit Lungenödem, Atemnot, Obstruktionen der Atemwege, Muskelschwäche, Myopathien, neurologischen Auffälligkeiten und sonstigen anästhetischen Zwischenfällen. In die Erkrankungsrate der vorliegenden Studie gehen Schürfwunden, postanästhetische Lahmheiten, eine Fraktur und das Unvermögen aufzustehen ein, was den direkten Vergleich zu der Erkrankungsrate von SENIOR et al. (2007) schwierig macht.

In der vorliegenden Studie kam es in 11 Aufstehphasen zu Verletzungen. Bei separater Betrachtung der Erkrankungsrate für die Gruppen mit und ohne Aufstehhilfe fiel auf, dass signifikant weniger Verletzungen (2/153) in der Gruppe A im Vergleich zur Gruppe O (9/152) auftauchen.

Die Art der Verletzungen stimmt mit den in der Literatur beschriebenen Verletzungen überein (WAGNER 2008; KÄSTNER 2010; CZUPALLA 2012). Die Verletzungen in der vorliegenden Studie reichen von einfachen Schürfwunden bis hin zu einer Fraktur. Im Vergleich zu der Studie von CZUPALLA (2012) kam es in der vorliegenden Studie in keinem der Fälle zu einer Neuropathie. Gründe dafür könnten die Art der intraoperativen Lagerung, ein mittelschweres Körpergewicht der Pferde, genauso wie die kurze Anästhesiedauer sein, die laut einigen Studien eng mit der Entstehung von Nervenschäden korreliert sind (FRANCI et al. 2006; BIDWELL et al. 2007; CZUPALLA 2012).

Die Inzidenz einer postanästhetischen Lahmheit wird in der Literatur je nach Definition mit 0,8-6,4 % angegeben (RICHEY et al. 1990; YOUNG u. TAYLOR 1993; SENIOR et al. 2007). Fasst man die beiden Lahmheiten und die Tibiafraktur zusammen, so liegt sie hier bei 0,98 % und somit im unteren Bereich im Vergleich zu SENIOR et al. (2007), die die Häufigkeit von postanästhetischen Lahmheiten mit 0,8 % angeben. Die Tibiafraktur in der Gruppe mit Aufstehhilfe, die, wie andere Autoren bereits beschrieben haben, auch während einer ruhigen Aufstehphase auftreten kann (YOUNG u. TAYLOR 1993), bestätigt die in der Literatur auftauchende Beobachtung, dass eine Kopf- und Schweifstrickanbindung das Auftreten von Frakturen nicht gänzlich verhindern kann (BIDWELL et al. 2007) und widerspricht dem Erfahrungsbericht von WILDERJANS (2005), der nach über 7000 mit Kopf- und Schweifstrick-assistierten Aufstehphasen keine Frakturen und schwerwiegende Wunden sehen konnte. Da eine Tibiafraktur einen Euthanasiegrund für das Pferd darstellen kann, ist diese deutlich gravierender in ihrer Konsequenz zu bewerten als die postanästhetischen Lahmheiten in der Gruppe ohne Aufstehhilfe, die konservativ therapiert werden konnten.

In der vorliegenden Studie wurde eine postanästhetische Myopathie diagnostiziert. Myopathien sind ätiologisch nicht auf die Aufstehphase sondern auf eine verminderte Muskelperfusion und Oxygenierung während der Anästhesie aufgrund von Hypotension zurückzuführen (GRANDY et al. 1987; LINDSAY et al. 1989; JOHNSTON et al. 2004; JOHNSTON 2005; DUGDALE u. TAYLOR 2016; RÜEGG et al. 2016). Verschiedene Autoren betonen deshalb die Bedeutung der Messung und Steuerung des arteriellen Blutdrucks während der Allgemeinanästhesie (YOUNG u. TAYLOR 1993; DUKE et al. 2006), was in dieser Studie jedoch in beiden Gruppen nicht erfolgte.

5.2.8 Morbiditäts- und Mortalitätsrate

Die Mortatlitätsrate für alle Eingriffe insgesamt liegt mit 0,66 % unter den Ergebnissen großer Studien, die sich mit der perioperativen Todesrate beschäftigt haben (YOUNG u. TAYLOR 1993; JOHNSTON et al. 1995; JOHNSTON et al. 2002; JOHNSTON et al. 2004; DUGDALE et al. 2016). Ein möglicher Grund dafür ist, dass es sich in der vorliegenden Studie nur um Aufstehphasen nach elektiven Eingriffen mit klinisch allgemein gesunden Patienten und kurzer Anästhesiedauer handelte und dass die Hälfte der Probanden mit einer Kopf- und Schweifstrickanbindung aufgestanden sind. Im Vergleich zu einer prospektiven Studie von SENIOR et al. (2007) und einer retrospektiven Studie von CHIE NIIEMURA et al. (2015), in der die perianästhetische/perioperative Mortalitätsrate jeweils 0,2 % betrug und im Vergleich zu Studien, die sich ausschließlich mit der Mortalitätsrate bei elektiven Eingriffen beschäftigt haben (MEE et al. 1998a; BIDWELL et al. 2007; CZUPALLA 2012), ist die perianästhetische Mortalitätsrate in der vorliegenden Studie deutlich höher. Ursächlich könnte die niedrigere Fallgröße sein. Bei den aufgeführten Studien handelte es sich um retrospektive Studien mit mehr als 1000 Probanden (MEE et al.

1998a; CZUPALLA 2012). Bei BIDWELL et al. (2007) wurden sogar 17961 Anästhesien in die Auswertung einbezogen.

In der vorliegenden Studie traten bei den Aufstehphasen der Gruppe O signifikant häufiger Erkrankungen auf als bei den Aufstehphasen der Gruppe A. Dabei handelt es sich größtenteils um geringfügige Verletzungen wie Schürfwunden. Das Auftreten einer Fraktur in der Gruppe A zeigt allerdings auch, dass eine Kopf- und Schweifstrickanbindung das Auftreten von Frakturen nicht verhindern kann, da eine gewichtsneutralisierende Funktion fehlt.

In einer retrospektiven Analyse stellen 71,4 % der Todesfälle, bei einer auf die Anästhesie und Aufwachphase bezogenen Mortalitätsrate von 0,9 % für elektive Eingriffe, Frakturen dar (DUGDALE et al. 2016). Da das Auftreten von Frakturen sporadisch zu sein scheint, was ihre Inzidenz besonders in Studien mit einer kleineren Population, wie der vorliegenden Studie, rein zufällig macht (DUGDALE u. TAYLOR 2016), ist laut KÄSTNER (2010) eine multizentrische Studie mit hohen Fallzahlen nötig um zu sehen, ob eine Kopf- und Schweifstrickanbindung das Frakturrisiko senken kann.

5.3 Fazit und Ausblick

In der vorliegenden Studie konnte gezeigt werden, dass eine Kopf- und Schweifstrickanbindung im Vergleich zum freien Aufstehen die Anzahl an Aufstehversuchen reduziert, die Aufstehqualität verbessert, den Pferden früher zu einem sicheren Stand verholfen und das Vorkommen von geringfügigen, mit der Aufstehphase assoziierten Verletzungen minimiert hat. Darüber hinaus konnte diese Studie zeigen, dass die Kopf- und Schweifstrickanbindung bei allen Pferden unabhängig von Alter, Rasse, Charakter und Geschlecht eingesetzt werden konnte.

Während HUBER (2009) als Zielgruppe Pferde mit hohem Alter, hohem Gewicht, langer Narkosedauer oder systemischer Beeinträchtigung als Zielgruppe nennt, hatte die Kopf- und Schweifstrickanbindung in dieser Studie unabhängig von Alter, Gewicht und Narkosedauer einen positiven Einfluss auf die Aufstehphase.

Die vorliegende Arbeit kann als Grundlagenstudie gesehen werden, da sie an klinisch allgemein gesunden Pferden, die einem elektiven Eingriff in Allgemeinanästhesie unterzogen wurden, durchgeführt wurde. Da durch die Studie von MEE et al. (1998b) bekannt ist, dass die perioperative Mortalitätsrate bei Notfalloperationen 4,25-fach höher ist und da durch verschiedene Autoren gesehen werden konnte, dass eine längere Anästhesiedauer und ein schlechter Allgemeinzustand sich negativ auf die Aufstehqualität auswirken (LAMMER 2008; CZUPALLA 2012; DUGDALE et al. 2016), sollte in folgenden Studien der Einfluss einer Kopf- und Schweifstrickanbindung auf die Aufstehphase nach Kolik-Operationen und sonstigen Notfalloperationen untersucht werden. Dies sollte ebenso erfolgen, um der Forderung von HUBER (2009) nachzugehen, jene Gruppen genau zu definieren, die am meisten von der Unterstützung mit der Kopf- und Schweifstrickanbindung profitieren. Um zu sehen, ob eine Kopf- und Schweifstrickanbindung das Frakturrisiko senkt, wäre eine multizentrische Studie, wie sie KÄSTNER (2010) bereits forderte, sinnvoll.

Die Kopf- und Schweifstrickanbindung ist kostengünstig in der Anschaffung, Installation und Instandhaltung. Sie ist einfach in der Handhabung und leicht für das Personal zu erlernen.

Als Nachteile werden in der Literatur der zeitliche Mehraufwand von 20 Minuten (HUBER 2009) und der damit verbundene höhere Kostenaufwand (SALVADOR DEL CASTILLO u. MATTHEWS 2005) angeführt. Nach den Erkenntnissen dieser Studie, die die Vermutung verschiedener Autoren bestätigt, dass die Kopf- und Schweifstrickanbindung zu einer Optimierung der Aufstehphase beiträgt (SALVADOR DEL CASTILLO u. MATTHEWS 2005; BIDWELL et al. 2007; WILDERJANS 2008; HUBER 2009; RÜEGG et al. 2016), sollte der zeitliche Mehraufwand als Vorteil für die Überwachung des Patienten und der Kostenaufwand als direkte Investition in das Wohlergehen des Patienten gesehen werden.

Denkbar ist die Optimierung der Kopf- und Schweifstrickanbindung durch die von WILDERJANS (2008) beschriebene, „1-Mann-Technik“, um die Personalkosten so gering wie möglich zu halten und die Aufstehhilfe somit insbesondere für Privatkliniken attraktiver zu gestalten.

6 Zusammenfassung

Stefanie Arndt

Einfluss einer Aufstehhilfe in Form einer Kopf- und Schweifstrickanbindung auf die Dauer und die Qualität der Aufstehphase bei Pferden nach Allgemeinanästhesie

Im Rahmen der vorliegenden Arbeit sollte der Einfluss einer Kopf- und Schweifstrickanbindung auf die Anzahl an Aufstehversuchen, die Dauer der Aufstehphase, die Qualität der Aufstehphase und das Auftreten von mit der Aufstehphase assoziierten Verletzungen nach elektiven Eingriffen bei Pferden nach Allgemeinanästhesie untersucht werden.

In die Untersuchungen einbezogen wurden 301 Pferde, die für einen elektiven Eingriff in Allgemeinanästhesie, in der Pferdeklinik Bargteheide, vorgestellt wurden. Es wurden ausschließlich allgemein gesunde Pferde berücksichtigt (ASA 1 und 2). Die Probanden wurden gepaart randomisiert nach Art des Eingriffs (Arthroskopien, Kastrationen, Griffelbein-Amputationen, chirurgische Eingriffe am Kopf) in zwei Gruppen eingeteilt. Gruppe A umfasste Pferde, die nach Allgemeinanästhesie mittels Aufstehhilfe unterstützt wurden und Gruppe O Pferde, die ohne Unterstützung aufstanden. Sowohl Narkoseprämedikation als auch Narkoseaufrechterhaltung waren für alle Pferde identisch.

Im Rahmen einer Narkosevoruntersuchung wurden die Pferde für die Gewichtskalkulation nach der Formel von CARROLL und HUNTINGTON (1988) ausgemessen und ihr Charakter wurde mittels eines modifizierten Scoringsystems nach VALVERDE et al. (2013) erfasst. Für jede Aufstehphase (Gruppe A: n = 153; Gruppe O: n = 152) wurden die Dauer der Aufwachphase sowie die Anzahl der benötigten Aufstehversuche protokolliert. Die Aufstehqualität wurde mittels Recovery Quality Scale nach CLARK-PRICE et al. (2008) bewertet, wobei 11 Punkte die bestmögliche und 100 Punkte die schlechteste Aufstehphase bedeuteten. Im Anschluss und einen Tag post operationem wurden die Pferde nochmals klinisch untersucht und alle Befunde protokolliert.

Die statistische Auswertung erfolgte mittels linearer Regression, T-Test, 2-faktorieller Varianzanalyse, 3-faktorieller Kovarianzanalyse, exaktem Test nach Fisher, Korrelationsberechnung nach Pearson und Bland-Altman-Analyse ($p \leq 0,05$).

Für die Auswertung wurden 305 Aufstehphasen von Pferden verschiedener Rassen und verschiedenen Geschlechts berücksichtigt. Der Median der Anzahl der Aufstehversuche lag für Gruppe A mit 1 [1-7] signifikant unter dem der Gruppe O mit 3 [1-34] ($p < 0{,}0001$). Probanden der Gruppe A erreichten signifikant früher (37 ± 12 Minuten) den sicheren Stand als Pferde der Gruppe O (40 ± 15 Minuten) ($p = 0{,}0025$). Die Qualität der Aufwachphase war mit einem Score von 28 [15-70] signifikant besser für Pferde der Gruppe A als für Pferde der Gruppe O (38 [11-87]) ($p < 0{,}0001$). Es waren signifikant weniger Verletzungen in Gruppe A (2/153) als in Gruppe O (9/152) ($p = 0{,}035$) zu verzeichnen, wobei in beiden Gruppen jeweils ein Pferd euthanasiert werden musste.

Die vorliegenden Ergebnisse zeigen, dass eine Aufstehhilfe mittels Kopf- und Schweifstrickanbindung nach elektiven Eingriffen in Allgemeinanästhesie bei Pferden die Anzahl der benötigten Aufstehversuche reduziert, die Zeit bis zum Erreichen des sicheren Standes verkürzt, die Aufstehqualität verbessert und das Auftreten von mit der Aufstehphase assoziierten geringfügigen Verletzungen reduziert. Das Vorkommen von einer Fraktur in der Gruppe A bestätigt allerdings bisherige Beobachtungen, dass eine Kopf- und Schweifstrickanbindung das Auftreten von Frakturen nicht vermeiden kann.

7 Summary

Stefanie Arndt

Influence of a head and tail rope on quality and duration of recovery from general anaesthesia in horses

Aim of the study was to evaluate the influence of a head and tail rope on number of attempts to stand, time to standing, quality of recovery and the appearance of recovery associated injuries in horses undergoing elective surgical procedures in general anaesthesia.

The study was performed in 301 horses (ASA 1 and 2), which underwent an elective surgical procedure at the equine hospital Bargteheide. Horses were randomly assigned to recover either with head-tail-rope assistance (group A) or without (group O) and were stratified according the surgical procedure (arthroscopy, castration, splint bone surgery, head surgery). Premedication and maintenance of anaesthesia followed the same protocol in all horses.

Within the anaesthetic pre-examination the bodyweight of the horses was estimated and all horses were measured to calculate the bodyweight according the formula of CARROLL and HUNTINGTON (1988). In addition the horses´character was assessed with a modified score of VALVERDE et al. (2013). For each recovery (group A: n = 153; group O: n = 152) the duration and number of attempts to stand were recorded. Quality was evaluated by the recovery quality scale of CLARK-PRICE et al. (2008), which gives 11 points for the best and 100 points for the worst recovery phase. Directly after recovery and one day post operationem all of the horses were examined a second and third time. Data were analysed by linear regression, t-test, two-way-analysis of variance, three-way-analysis of covariance, Fisher`s exact test, Pearson`s correlation and Bland Altman analysis ($p \leq 0.05$).

Overall 305 recoveries of horses from different breeds and sex were analyzed. In group A, the median of the number of attempts to stand were lower (1 [1-7]) than in group O (3 [1-34]) ($p < 0.0001$). The time to standing was shorter for group A (37 ± 12 Minutes) than for group O (40 ± 15 Minutes) ($p = 0.0025$). Recovery quality score in group A (28 [15-70]) was lower than in group O (38 [11-87]) ($p < 0.0001$). There were two horses in group A and nine in group O with injuries ($p = 0.035$). In each group one horse had to be euthanised.

The use of head and tail rope lowered the number of attempts to stand, reduced the time to standing, improved recovery quality and reduced recovery associated minor injuries in horses undergoing elective surgical procedures. Similar to observations in the past, the incidence of a fracture in group A confirms that the use of a head and tail rope cannot prevent fractures.

8 Literaturverzeichnis

ABRAHAMSEN, E. J., T. C. BOHANON, R. M. BEDNARSKI, J. A. HUBBELL u. W. W. MUIR, 3RD (1990):
Bilateral arytenoid cartilage paralysis after inhalation anesthesia in a horse.
J Am Vet Med Assoc 197, 1363-1365

ALKIRE, M. T. u. L. A. GORSKI (2004):
Relative amnesic potency of five inhalational anesthetics follows the Meyer-Overton rule.
Anesthesiology 101, 417-429

ANDERSON, M. (1976):
The effect of exercise on the lactic dehydrogenase and creatine kinase isoenzyme composition of horse serum.
Res Vet Sci 20, 191-196

ANTOGNINI, J. F., E. CARSTENS u. V. BUZIN (1999):
Isoflurane depresses motoneuron excitability by a direct spinal action: an f-wave study.
Anesth Analg 88, 681-685

AUER, J. A., H. E. GARNER, J. F. AMEND, D. P. HUTCHESON u. C. A. SALEM (1978):
Recovery from anaesthesia in ponies: a comparative study of the effects of isoflurane, enflurane, methoxyflurane and halothane.
Equine Vet J 10, 18-23

AYALA, I., M. J. RODRÍGUEZ, C. AGUIRRE, A. J. BUENDÍA, E. BELDA u. F. G. LAREDO (2009):
Postanesthetic brachial triceps myonecrosis in a Spanish-bred horse.
Canadian Vet J 50, 189-193

BENNETT, R. C. u. E. P. STEFFEY (2002):
Use of opioids for pain and anesthetic management in horses.
Vet Clin N Am-Equine 18, 47-60

BETTSCHART-WOLFENSBERGER, R. (2012):
Recovery from anaesthesia.
In: J. A. AUER und J. A. STICK (Hrsg.): Equine Surgery
4. Aufl., Elsevier Saunders, St. Louis, Missouri, S. 246-253

BIDWELL, L. A., L. R. BRAMLAGE u. W. A. ROOD (2007):
Equine perioperative fatalities associated with general anaesthesia at a private practice--a retrospective case series.
Vet Anaesth Analg 34, 23-30

BIENERT, A., C. P. BARTMANN, T. VON OPPEN, C. POPPE, V. SCHIEMANN u. E. DEEGEN (2003):
Aufstehverhalten bei Pferden nach Inhalationsnarkose mit Isofluran (Isoflo) und postanasthetischer Sedierung mit Romifidin (Sedivet) bzw. Xylazin (Rompun).
Deut Tierärztl Woch 110, 244-248

BORER, K. E. (2005):
Pulmonary oedema associated with anaesthesia for colic surgery in a horse.
Vet Anaesth Analg 32, 228

BORER, K. E. (2009):
Management of Pulmonary Edema.
In: E. N. ROBINSON und K. A. SPRAYBERRY (Hrsg.): Current Therapy in Equine Medicine
6. Aufl., W.B. Saunders, Saint Louis, S. 317-319

BRANDES, I. F., E. J. ZUPERKU, A. G. STUCKE, F. A. HOPP, D. JAKOVCEVIC u. E. A. STUTH (2007):
Isoflurane depresses the response of inspiratory hypoglossal motoneurons to serotonin in vivo.
Anesthesiology 106, 736-745

BREHM, W., J. BURK, G. F. SCHUSSER u. A. TROILLET (2016):
21.2.2 - Aktiver Bewegungsapparat - Muskulatur, Schusser G. F.
In: W. BREHM, H. GEHLEN, B. OHNESORGE und A. WEHREND (Hrsg.): Handbuch Pferdepraxis
4. Aufl., Verlag Enke, Stuttgart, S. 875-882

BUSSIERES, G., C. JACQUES, O. LAINAY, G. BEAUCHAMP, A. LEBLOND, J. L. CADORE, L. M. DESMAIZIERES, S. G. CUVELLIEZ u. E. TRONCY (2008):
Development of a composite orthopaedic pain scale in horses.
Res Vet Sci 85, 294-306

CARROLL, C. L. u. P. J. HUNTINGTON (1988):
Body condition scoring and weight estimation of horses.
Equine Vet J 20, 41-45

CHESNEL, M. A. u. R. E. CLUTTON (2013):
A comparison of two morphine doses on the quality of recovery from general anaesthesia in horses.
Res Vet Sci 95, 1195-1200

CHIE NIIMURA, M., F. DAVID, C. DAVID, H. WILDERJANS, J. M. L. HUGHES u. R. BENNETT (2015):
Ten years of using the Wilderjans rope recovery system in horses - a retrospective study.
In: 12th World Congress of Veterinary Anaesthesiology, Kyoto, Japan, 2015, Kongr.ber., S. 20

CLARK-PRICE, S. C., L. P. POSNER u. R. D. GLEED (2008):
Recovery of horses from general anesthesia in a darkened or illuminated recovery stall.
Vet Anaesth Analg 35, 473-479

CLARKE, K. W. (2014a):
Anaesthesia of the horse In: C. M. TRIM und L. W. HALL (Hrsg.): Veterinary Anaesthesia
11. Aufl., W.B. Saunders, Oxford, S. 245-311

CLARKE, K. W. (2014b):
General pharmacology of the inhalation anaesthetics In: C. M. TRIM und L. W. HALL (Hrsg.): Veterinary Anaesthesia
11. Aufl., W.B. Saunders, Oxford, S. 155-168

CONDE RUIZ, C., I. C. CRUZ BENEDETTI, I. GUILLEBERT u. K. G. PORTIER (2015):
Effect of pre- and postoperative phenylbutazone and morphine administration on the breathing response to skin incision, recovery quality, behavior, and cardiorespiratory variables in horses undergoing fetlock arthroscopy: a pilot study.
Front Vet Sci 2, 1-10

CZUPALLA, I. (2012):
Evaluation des Narkoserisikos an der Klinik für Pferde der Ludwig-Maximilians-Universität München.
München, Ludwig-Maximilians-Universität, Diss.

DAHME, E. u. E. WEISS (2007):
Grundriss der speziellen pathologischen Anatomie der Haustiere.
6. Aufl., Verlag Enke, Stuttgart

DERUNGS, S., A. FÜRST, C. HAAS, U. GEISSBÜHLER u. J. A. AUER (2001):
Fissure fractures of the radius and tibia in 23 horses: a retrospective study.
Equine Vet Educ 13, 313

DOBSON, A., R. D. GLEED, R. E. MEYER u. B. J. STEWART (1985):
Changes in blood flow distribution in equine lungs induced by anaesthesia.
Q J Exp Physiol 70, 283-297

DODMAN, N. H., R. WILLIAMS, M. H. COURT u. W. M. NORMAN (1988):
Postanesthetic hind limb adductor myopathy in five horses.
J Am Vet Med Assoc 193, 83-86

DONALDSON, L. L., G. S. DUNLOP, M. S. HOLLAND u. B. A. BURTON (2000):
The recovery of horses from inhalant anesthesia: a comparison of halothane and isoflurane.
Vet Surg 29, 92-101

DÖNSELMANN IM SANDE, P., K. HOPSTER u. S. KASTNER (2017):
Effects of morphine, butorphanol and levomethadone in different doses on thermal nociceptive thresholds in horses.
Tierarztl Prax Ausg G Grosstiere Nutztiere 45, 1-9

DRIESSEN, B. (2005):
Assisted Recovery in Horses Awakening from General Anaesthesia.
[Internet:
URL:http://www.ivis.org/advances/Steffey_Anesthesia/driessen3/chapter.asp?LA=1
(International Veterinary Information Service)]

DRIESSEN, B., K. HOPSTER, J.-C. IOITA u. S. KÄSTNER (2016):
4.10 - Perianästhetische Komplikationen - Brehm, W.
In: W. BREHM, H. GEHLEN, B. OHNESORGE und A. WEHREND (Hrsg.): Handbuch Pferdepraxis
4. Aufl., Verlag Enke, Stuttgart, S. 124-128

DUGDALE, A. H., J. OBHRAI u. P. J. CRIPPS (2016):
Twenty years later: a single-centre, repeat retrospective analysis of equine perioperative mortality and investigation of recovery quality.
Vet Anaesth Analg 43, 171-178

DUGDALE, A. H. u. P. M. TAYLOR (2016):
Equine anaesthesia-associated mortality: where are we now?
Vet Anaesth Analg 43, 242-255

DUKE, T., U. FILZEK, M. R. READ, E. K. READ u. J. G. FERGUSON (2006):
Clinical observations surrounding an increased incidence of postanesthetic myopathy in halothane-anesthetized horses.
Vet Anaesth Analg 33, 122-127

DUTTON, R. C., A. J. MAURER, J. M. SONNER, M. S. FANSELOW, M. J. LASTER u. E. I. EGER, 2ND (2002):
Isoflurane causes anterograde but not retrograde amnesia for pavlovian fear conditioning.
Anesthesiology 96, 1223-1229

DYSON, S., P. TAYLOR u. K. WHITWELL (1988):
Femoral nerve paralysis after general anaesthesia.
Equine Vet J 20, 376-380

DZIKITI, T. B., L. BESTER, I. CILLIERS, A. CARSTENS, G. F. STEGMANN u. J. HUBERT (2008):
Limb fracture during recovery from general anaesthesia: an often tragic complication of equine anaesthesia.
J S Afr Vet Assoc 79, 145-148

EGER, E. I., 2ND u. B. H. JOHNSON (1987):
Rates of awakening from anesthesia with I-653, halothane, isoflurane, and sevoflurane: a test of the effect of anesthetic concentration and duration in rats.
Anesth Analg 66, 977-982

ELMAS, C. R., A. M. CRUZ u. C. L. KERR (2007):
Tilt table recovery of horses after orthopedic surgery: fifty-four cases (1994-2005).
Vet Surg 36, 252-258

ENGLAND, G. C. W., K. W. CLARKE u. L. GOOSSENS (1992):
A comparison of the sedative effects of three α2-adrenoceptor agonists (romifidine, detomidine and xylazine) in the horse.
J Vet Pharmacol Ther 15, 194-201

FARMER, E., M. CHASE-TOPPING, H. LAWSON u. R. E. CLUTTON (2014):
Factors affecting the perception of recovery quality in horses after anaesthesia.
Equine Vet J 46, 328-332

FLOOD, P., J. M. SONNER, D. GONG u. K. M. COATES (2002):
Isoflurane hyperalgesia is modulated by nicotinic inhibition.
Anesthesiology 97, 192-198

FRANCI, P., E. A. LEECE u. J. C. BREARLEY (2006):
Post anaesthetic myopathy/neuropathy in horses undergoing magnetic resonance imaging compared to horses undergoing surgery.
Equine Vet J 38, 497-501

FRANCOIS, I., F. X. LALEYE, M. MICAT, K. BENREDOUANE u. K. PORTIER (2014):
Arterial oxygen tension and pulmonary ventilation in horses placed in the Anderson sling suspension system after a period of lateral recumbency and anaesthetised with constant rate infusions of romifidine and ketamine.
Equine Vet J 46, 596-600

FRIEND, S. C. E. (1981):
Postanesthetic Myonecrosis in Horses.
Canadian Vet J 22, 367-371

FÜRST, A., R. KELLER u. B. VON SALIS (2006):
Entwicklung eines verbesserten Hängegeschirrs für Pferde: Das Tier-Bergungs- und Transportnetz (TBTN).
Pferdeheilkunde 22, 767-772

FÜRST, A. E., R. KELLER, M. KUMMER, C. MANERA, B. VON SALIS, J. A. AUER u. R. BETTSCHART-WOLFENSBERGER (2008):
Evaluation of a new full-body animal rescue and transportation sling in horses: 181 horses (1998–2006).
J Vet Emerg Crit Car 18, 619

GASTHUYS, F., A. DE MOOR u. D. PARMENTIER (1991):
Haemodynamic effects of change in position and respiration mode during a standard halothane anaesthesia in ponies.
Zbl Vet Med A 38, 203-211

GENT, T. C. u. R. BETTSCHART-WOLFENSBERGER (2013):
Peri-anaesthetic mortality in horses - the need for CEPEF-4.
Vet Anaesth Analg 40, 40 e41- 40 e42

GLADE, M. J. (1993):
Effects of gestation, lactation, and maternal calcium intake on mechanical strength of equine bone.
J of the Am College of Nutrition 12, 372-377

GLEED, R. u. C. E. SHORT (1980):
A retrospective study of the anesthetic management of adult draft horses.
Vet Med Sm Anim Clin 75, 1409-1413, 1416

GRANDY, J. L. u. W. N. MCDONELL (1980):
Evaluation of concentrated solutions of guaifenesin for equine anesthesia.
J Am Vet Med Assoc 176, 619-622

GRANDY, J. L., E. P. STEFFEY, D. S. HODGSON u. M. J. WOLINER (1987):
Arterial hypotension and the development of postanesthetic myopathy in halothane-anesthetized horses.
Am J Vet Res 48, 192-197

HAAS, D. A. u. D. G. HARPER (1992):
Ketamine: a review of its pharmacologic properties and use in ambulatory anesthesia.
Anesth Prog 39, 61-68

HALL, L. W., J. R. GILLESPIE u. W. S. TYLER (1968):
Alveolar-arterial oxygen tension differences in anaesthetized horses.
Brit J Anaesth 40, S. 560-568

HATTEL, A. L. u. S. E. MCALLISTER (2011):
Pathology in Practice.
J Am Vet Med Assoc 238, 867-871

HEATH, R. B., E. P. STEFFEY, J. C. THURMON, E. M. WERTZ, D. M. MEAGHER, T. HYYPPA u. G. L. VAN SLYKE (1989):
Laryngotracheal lesions following routine orotracheal intubation in the horse.
Equine Vet J 21, 434-437

HEINKE, M. D. W. u. C. SCHWARZBAUER (2001):
Subanesthetic isoflurane affects task-induced brain activation in a highly specific manner. A functional magnetic resonance imaging study.
Anesthesiology 94, 973-981

HERSCHL, M. A., C. M. TRIM u. E. A. MAHAFFEY (1992):
Effects of 5% and 10% guaifenesin infusion on equine vascular endothelium.
Vet Surg 21, 494-497

HOLLAND, M., J. R. SNYDER, E. P. STEFFEY u. R. B. HEATH (1986):
Laryngotracheal injury associated with nasotracheal intubation in the horse.
J Am Vet Med Assoc 189, 1447-1450

HOPSTER, K. (2007):
Einfluss einer Beatmung nach dem "Open-Lung-Concept" während der Allgemeinanästhesie des Pferdes auf die intra- und postoperative Lungenfunktion.
Hannover, Stiftung Tierärztliche Hochschule, Diss.

HOPSTER, K., B. OHNESORGE, M. VON BORSTEL, K. ROHN u. S. KÄSTNER (2013):
Einsatz von Atracurium bei der Vitrektomie des Pferdes. Einfluss auf Operationsbedingungen, Allgemeinanästhesie und Aufstehphase.
Tierärztl Prax G N 41, 371-377

HUBBELL, J. A. E. (2005):
Recovery from anaesthesia in horses.
Equine Vet Educ 7, 45-52

HUBBELL, J. A. E. u. W. W. MUIR (2009):
Considerations for Induction, Maintenance, and Recovery.
In: (Hrsg.): Equine Anesthesia
2. Aufl., W.B. Saunders, Saint Louis, S. 381-396

HUBBELL, J. A. E. u. W. W. MUIR (2015):
Oxygenation, oxygen delivery and anaesthesia in the horse.
Equine Vet J 47, 25

HUBER, C. (2009):
Verbesserung der Aufwachphase nach partiell intravenöser Allgemeinanästhesie beim Pferd durch Unterstützung mit "Head & Tail Ropes".
Wien, Veterinärmedizinsiche Universität, Dipl.

IDA, K. K., D. T. FANTONI, B. T. IBIAPINA, M.-T. M. R. SOUTO, A. L. V. ZOPPA, L. C. L. C. SILVA u. A. M. AMBRÓSIO (2013):
Effect of postoperative xylazine administration on cardiopulmonary function and recovery quality after isoflurane anesthesia in horses.
Vet Surg 42, 877-884

JAUGSTETTER, H., R. JACOBI u. R. PELLMANN (2002):
Vergleich der Narkoseprämedikation mit Romifidin und Xylazin in Bezug auf das Aufstehverhalten von Pferden nach Allgemeinanästhesie.
Prakt Tierarzt 9, 786-791

JOHNSTON, G. M. (2005):
Findings from the CEPEF epidemiological studies into equine perioperative complications.
Equine Vet Educ 15, 64

JOHNSTON, G. M., J. K. EASTMENT, P. M. TAYLOR u. J. L. WOOD (2004):
Is isoflurane safer than halothane in equine anaesthesia? Results from a prospective multicentre randomised controlled trial.
Equine Vet J 36, 64-71

JOHNSTON, G. M., J. K. EASTMENT, J. L. N. WOOD u. P. M. TAYLOR (2002):
The confidential enquiry into perioperative equine fatalities (CEPEF): mortality results of Phases 1 and 2.
Vet Anaesth Analg 29, 159-170

JOHNSTON, G. M., P. M. TAYLOR, M. A. HOLMES u. J. L. N. WOOD (1995):
Confidential Inquiry of Perioperative Equine Fatalities (CEPEF-1) -Preliminary-Results.
Equine Vet J 27, 193-200

JOUBERT, K. E., N. DUNCAN u. S. E. MURRAY (2005):
Post-anaesthetic myelomalacia in a horse.
J S Afr Vet Assoc 76, 36-39

KAARTINEN, M. J., D. S. PANG u. S. G. CUVELLIEZ (2010):
Post-anesthetic pulmonary edema in two horses.
Vet Anaesth Analg 37, 136-143

KALPRAVIDH, M., W. V. LUMB, M. WRIGHT u. R. B. HEATH (1984):
Effects of butorphanol, flunixin, levorphanol, morphine, and xylazine in ponies.
Am J Vet Res 45, 217-223

KÄSTNER, S. B. R. (2010):
How to manage recovery from anaesthesia in the horse - to assist or not to assist?
Pferdeheilkunde 26, 604-608

KENEL, L., R. KELLER, B. VON SALIS u. A. FÜRST (2016):
Entwicklung des Großtier-Vertikalbergungssets (GTVBS) – eine Weiterentwicklung des TBTN (Tier-Bergungs- und Transportnetz).
Pferdeheilkunde 32, 141-147

KOHRS, R. u. M. E. DURIEUX (1998):
Ketamine: Teaching an old drug new tricks. [Review].
Anesth Analg 87, 1186-1193

KOLLIAS-BAKER, C. A., F. S. PIPERS, D. HEARD u. H. SEEHERMAN (1993):
Pulmonary edema associated with transient airway obstruction in three horses.
J Am Vet Med Assoc 202, 1116-1118

KOWALCZYK, L., R. BRUNTHALER u. Y. P. S. MOENS (2011):
Fatale Zwerchfellsruptur während der Aufstehphase nach Allgemeinanästhesie bei einem Traber.
Pferdeheilkunde 27, 504-506

KRISTENSEN, K., C. B. CHRISTENSEN u. L. L. CHRISTRUP (1995):
The mu1, mu2, delta, kappa opioid receptor binding profiles of methadone stereoisomers and morphine.
Life Sci 56, PI45-50

LAMMER, V. (2008):
Retrospektive Beurteilung der Qualität der Aufwachphase nach Allgemeinanästhesie bei Pferden an der Veterinärmedizinischen Universität Wien.
Wien, Veterinärmedizinischen Universität, Dipl.

LANSADE, L., M. F. BOUISSOU u. X. BOIVIN (2007):
Temperament in preweanling horses: development of reactions to humans and novelty, and startle responses.
Dev Psychobiol 49, 501-513

LEECE, E. A., F. CORLETTO u. J. C. BREARLEY (2008):
A comparison of recovery times and characteristics with sevoflurane and isoflurane anaesthesia in horses undergoing magnetic resonance imaging.
Vet Anaesth Analg 35, 383-391

LIECHTI, J., H. PAULI, N. JÄGGIN u. U. SCHATZMANN (2003):
Untersuchungen zum assistierten Aufstehen von Pferden während der Aufwachphase nach einer Inhalationsanästhesie.
Pferdeheilkunde 19, 271-276

LINDSAY, W. A., W. MCDONELL u. W. BIGNELL (1980):
Equine postanesthetic forelimb lameness: intracompartmental muscle pressure changes and biochemical patterns.
Am J Vet Res 41, 1919-1924

LINDSAY, W. A., G. M. ROBINSON, D. B. BRUNSON u. L. J. MAJORS (1989):
Induction of equine postanesthetic myositis after halothane-induced hypotension.
Am J Vet Res 50, 404-410

LÖSCHER, W., A. RICHTER u. H. POTSCHKA (2014):
Pharmakotherapie bei Haus- und Nutztieren.
9. Aufl., Verlag Enke, Stuttgart

MACLEAY, J. M. (2004):
Diseases of the Musculoskeletal System - Reed, S. M.
In: W. M. BAYLY und D. C. SELLON (Hrsg.): Equine Internal Medicine
2. Aufl., W.B. Saunders, Saint Louis, S. 461-531

MAIER, F. P., H. WEILER u. H. KELLER (1992):
Postanästhetische Paraplegie beim Pferd. Ein Beitrag zur Pathophysiologie.
Pferdeheilkunde 8, 97-102

MATTHEWS, N. S., S. M. HARTSFIELD, D. MERCER, M. H. BELEAU u. A. MACKENTHUN (1998):
Recovery from sevoflurane anesthesia in horses: comparison to isoflurane and effect of postmedication with xylazine.
Vet Anaesth Analg 27, 480-485

MAYERHOFER, I., S. SCHERZER, C. GABLER u. R. VAN DEN HOVEN (2005):
Hypothermia in horses induced by general anaesthesia and limiting measures.
Equine Vet Educ 17, 53-56

MCDONELL, W. N., L. W. HALL u. L. B. JEFFCOTT (1979):
Radiographic evidence of impaired pulmonary function in laterally recumbent anaesthetised horses.
Equine Vet J 11, 24-32

MEE, A. M., P. J. CRIPPS u. R. S. JONES (1998a):
A retrospective study of mortality associated with general anaesthesia in horses: elective procedures.
Vet Rec 142, 275-276

MEE, A. M., P. J. CRIPPS u. R. S. JONES (1998b):
A retrospective study of mortality associated with general anaesthesia in horses: emergency procedures.
Vet Rec 142, 307-309

MELIS, S., S. SCHAUVLIEGE, T. BOSMANS, F. GASTHUYS u. I. POLIS (2014):
Pulmonary edema as a postoperative complication in two obese patients (a horse and a dog).
Vlaams Diergen Tijds 83, 60-65

MUIR, W. W. u. J. A. E. HUBBELL (2009):
Equine Anesthesia: Monitoring and Emergency Therapy.
In: W. W. MUIR und J. A. E. HUBBEL (Hrsg.): Considerations for Induction, Maintenance, and Recovery
2. Aufl., Saunders Elsevier, St. Louis, Missouri, S. 381-415

MUIR, W. W., R. T. SKARDA u. D. W. MILNE (1977):
Evaluation of xylazine and ketamine hydrochloride for anesthesia in horses.
Am J Vet Res 38, 195-201

NOLAN, A. M., J. P. CHAMBERS u. G. J. HALE (1991):
The cardiorespiratory effects of morphine and butorphanol in horses anaesthetised under clinical conditions.
Vet Anaesth Analg 18, 19-24

NORDIN, U. (1977):
The trachea and cuff-induced tracheal injury. An experimental study on causative factors and prevention.
Acta Oto-Laryngol 345, 1-71

NYMAN, G., B. FUNKQUIST, C. KVART, C. FROSTELL, L. TOKICS, A. STRANDBERG, H. LUNDQUIST, B. LUNDH, B. BRISMAR u. G. HEDENSTIERNA (1990):
Atelectasis causes gas exchange impairment in the anaesthetised horse.
Equine Vet J 22, 317-324

NYMAN, G. u. G. HEDENSTIERNA (1989):
Ventilation-perfusion relationships in the anaesthetised horse.
Equine Vet J 21, 274-281

OOSTERLINCK, M., S. SCHAUVLIEGE, A. MARTENS u. F. PILLE (2013):
Postanesthetic neuropathy/myopathy in the nondependent forelimb in 4 horses.
J Equine Vet Sci 33, 996-999

PARVIAINEN, A. K. J. u. C. M. TRIM (2000):
Complications associated with anaesthesia for ocular surgery: a retrospective study 1989–1996.
Equine Vet J 32, 555-559

PASCOE, P. J., W. N. MCDONELL, C. M. TRIM u. J. VAN GORDER (1983):
Mortality rates and associated factors in equine colic operations - a retrospective study of 341 operations.
Can Vet J 24, 76-85

PATSCHOVA, M., R. KABES u. E. LUDVIKOVA (2014):
Post anaesthetic myelopathy in the horse: a case report.
Veterinární Medicína 59, 447-452

PEROUANSKY, M., V. RAU, T. FORD, S. I. OH, M. PERKINS, E. I. EGER u. R. A. PEARCE (2010):
Slowing of the hippocampal θ-rhythm correlates with anesthetic-induced amnesia.
Anesthesiology 113, 1299-1309

PICEK, S., K. S. KALCHOFNER, S. K. RINGER, M. KUMMER, A. FÜRST u. R. BETTSCHART-WOLFENSBERGER (2010):
Anaesthetic management for hydropool recovery in 50 horses.
Pferdeheilkunde 26, 515-522

PÖPPEL, N., K. HOPSTER, F. GEBUREK u. S. KASTNER (2015):
Influence of ketamine or xylazine supplementation on isoflurane anaesthetized horses--a controlled clinical trial.
Vet Anaesth Analg 42, 30-38

PORTIER, K. u. C. M. WALSH (2006):
Coxofemoral luxation in a horse during recovery from general anaesthesia.
Vet Rec 159, 84-85

PORTIER, K. G., A. SENA, M. SENIOR u. R. E. CLUTTON (2010):
A study of the correlation between objective and subjective indices of recovery quality after inhalation anaesthesia in equids.
Vet Anaesth Analg 37, 329-336

PUSTERLA, N. u. J. E. MADIGAN (2006):
Initial clinical impressions of the U.C. Davis large animal lift and its use in recumbent equine patients.
Schweiz Arch Tierh 148, 161-166

RAIDAL, S. R., S. L. RAIDAL, R. B. RICHARDS, A. V. COSGRIFF u. K. J. ROSE (1997):
Acute paraplegia in a Thoroughbred racehorse after general anaesthesia.
Aust Vet J 75, 178-179

RAY-MILLER, W. M., D. S. HODGSON, R. M. MCMURPHEY u. P. L. CHAPMAN (2006):
Comparison of recoveries from anesthesia of horses placed on a rapidly inflating-deflating air pillow or the floor of a padded stall.
J Am Vet Med Assoc 229, 711-716

RICHEY, M. T., M. S. HOLLAND, C. J. MCGRATH, N. H. DODMAN, D. B. MARSHALL, M. H. COURT, W. M. NORMAN u. D. C. SEELER (1990):
Equine post-anesthetic lameness a retrospective study.
Vet Surg 19, 392

RICHTER, M. C., W. M. BAYLY, R. D. KEEGAN, R. K. SCHNEIDER, A. B. WEIL u. C. A. RAGLE (2001):
Cardiopulmonary function in horses during anesthetic recovery in a hydropool.
Am J Vet Res 62, 1903-1910

RÜEGG, M., R. BETTSCHART-WOLFENSBERGER, S. HARTNACK, K. H. JUNGE, F. THEISS u. S. K. RINGER (2016):
Vergleich der nicht-assistierten und der assistierten Aufwachphase mit Kopf- und Schweifseil nach Kolikoperation beim Pferd.
Pferdeheilkunde 32, 469-478

SALVADOR DEL CASTILLO, B. u. N. S. MATTHEWS (2005):
How to assemble, apply, and use a head-and-tail rope system for the recovery of the equine anesthetic patient.
AAEP PROCEEDINGS Vol. 51, 4

SANTOS, M., M. FUENTE, R. GARCIA-ITURRALDE, R. HERRAN, J. LOPEZ-SANROMAN u. F. J. TENDILLO (2003):
Effects of alpha-2 adrenoceptor agonists during recovery from isoflurane anaesthesia in horses.
Equine Vet J 35, 170-175

SAULEZ, M. N., B. DZIKITI u. A. VOIGT (2009):
Traumatic perforation of the trachea in two horses caused by orotracheal intubation.
Vet Rec 164, 719

SCHATZMANN, U. (1995):
Sedation und Anästhesie des Pferdes.
1. Aufl., Wissenschafts-Verlag Blackwell, Berlin

SCHER, L. M. (2013):
Vergleichsstudie zwischen den beiden präanästhetischen Sedationskombinationen Xylazin und Levomethadon sowie Xylazin und Butorphanol bezüglich der Qualität der Narkose und des komplikationslosen Verlaufs der Niederlege- und Aufstehphase bei der Allgemeinanästhesie von Pferden.
München, Ludwig-Maximilians-Universität, Diss.

SCHRIMPF, R., A. TICHY u. C. STANEK (2011):
Relevanz der Verwendung eines Assistenzsystems in der Aufwachphase von Pferden nach einer Osteosynthese?
Pferdeheilkunde 27, 393-399

SENIOR, J. M., G. L. PINCHBECK, R. ALLISTER, A. H. DUGDALE, L. CLARK, R. E. CLUTTON, K. COUMBE, S. DYSON u. P. D. CLEGG (2007):
Reported morbidities following 861 anaesthetics given at four equine hospitals.
Vet Rec 160, 407-408

SENIOR, J. M., G. L. PINCHBECK, A. H. DUGDALE u. P. D. CLEGG (2004):
Retrospective study of the risk factors and prevalence of colic in horses after orthopaedic surgery.
Vet Rec 155, 321-325

SENIOR, M. (2005):
Post-anaesthetic pulmonary oedema in horses: a review.
Vet Anaesth Analg 32, 193-200

SPADAVECCHIA, C., M. FLURINA, Y. MOENS u. U. SCHATZMANN (2002):
Anaesthesia in horses using halothane and intravenous ketamine-guaiphenesin: a clinical study.
Vet Anaesth Analg 29, 20-28

STEFFEY, E. P. (2009):
Inhalation Anesthetics and Gases.
In: J. A. E. HUBBELL und W. W. MUIR (Hrsg.): Equine Anesthesia
2. Aufl., W.B. Saunders, Saint Louis, S. 288-314

STEFFEY, E. P., R. J. BROSNAN, L. D. GALUPPO, K. R. MAMA, A. IMAI, L. K. MAXWELL, C. A. COLE u. S. D. STANLEY (2009):
Use of propofol-xylazine and the Anderson Sling Suspension System for recovery of horses from desflurane anesthesia.
Vet Surg 38, 927-933

STEFFEY, E. P., J. H. EISELE u. J. D. BAGGOT (2003):
Interactions of morphine and isoflurane in horses.
Am J Vet Res 64, 166-175

STEFFEY, E. P. u. P. J. PASCOE (2002):
Detomidine reduces isoflurane anesthetic requirement (MAC) in horses.
Vet Anaesth Analg 29, 223-227

STEFFEY, E. P., P. J. PASCOE, M. J. WOLINER u. E. R. BERRYMAN (2000):
Effects of xylazine hydrochloride during isoflurane-induced anesthesia in horses.
Am J Vet Res 61, 1225-1231

SULLIVAN, E. K., L. V. KLEIN, D. W. RICHARDSON, M. W. ROSS, J. A. ORSINI u. D. M. NUNAMAKER (2002):
Use of a pool-raft system for recovery of horses from general anesthesia: 393 horses (1984-2000).
J Am Vet Med Assoc 221, 1014-1018

SUTHERS, J. M., R. M. CHRISTLEY u. R. E. CLUTTON (2011):
Quantitative and qualitative comparison of three scoring systems for assessing recovery quality after general anaesthesia in horses.
Vet Anaesth Analg 38, 352-362

TAFFAREL, M. O., S. P. L. LUNA, G. S. CARDOSO, F. A. DE OLIVEIRA, J. D. M. ALONSO u. M. GOZALO-MARCILLA (2017):
Preemptive analgesia, including morphine, does not affect recovery quality and times in either pain-free horses or horses undergoing orchiectomy.
J Equine Vet Sci 48, 82-85

TAYLOR, E. L., L. D. GALUPPO, E. P. STEFFEY, C. C. SCARLETT u. J. E. MADIGAN (2005):
Use of the Anderson Sling Suspension System for recovery of horses from general anesthesia.
Vet Surg 34, 559-564

TAYLOR, P. M. u. K. W. CLARKE (2007):
Handbook of Equine Anaesthesia.
2. Aufl., Saunders Elsevier, London

TIDWELL, S. A., R. K. SCHNEIDER, C. A. RAGLE, A. B. WEIL u. M. C. RICHTER (2002):
Use of a hydro-pool system to recover horses after general anesthesia: 60 cases.
Vet Surg 31, 455-461

TOUZOT-JOURDE, G., N. L. STEDMAN u. C. M. TRIM (2003):
Endotracheal intubation in horses: a study of two cuff inflation pressures, correlation with liquid aspiration, and tracheal wall damage.
Vet Anaesth Analg 30, 112-113

TRIM, C. M., J. G. ADAMS, L. M. COWGILL u. S. L. WARD (1989):
A retrospective survey of anaesthesia in horses with colic.
Equine Vet J Suppl 84-90

TRIM, C. M. u. J. MASON (1973):
Post-anaesthetic forelimb lameness in horses.
Equine Vet J 5, 71-76

VALVERDE, A. (2010):
Alpha-2 Agonists as Pain Therapy in Horses.
Vet Clin N Am-Equine 26, 515-532

VALVERDE, A., B. BLACK, N. C. CRIBB, A. HATHWAY u. A. DAW (2013):
Assessment of unassisted recovery from repeated general isoflurane anesthesia in horses following post-anesthetic administration of xylazine or acepromazine or a combination of xylazine and ketamine.
Vet Anaesth Analg 40, 3-12

VAN LOON, J. P., N. M. MEERTENS, M. M. VAN OLDRUITENBORGH-OOSTERBAAN u. R. VAN DIJK (2010):
Post-anaesthetic myelopathy in a 3-year-old Friesian gelding.
Tijdschr Diergeneesk 135, 272-277

VETTORATO, E., M. E. CHASE-TOPPING u. R. E. CLUTTON (2010):
A comparison of four systems for scoring recovery quality after general anaesthesia in horses.
Equine Vet J 42, 400-406

VOULGARIS, D. A. u. E. H. HOFMEISTER (2009):
Multivariate analysis of factors associated with post-anesthetic times to standing in isoflurane-anesthetized horses: 381 cases.
Vet Anaesth Analg 36, 414-420

WAGNER, A. E. (2008):
Complications in equine anesthesia.
Vet Clin N Am-Equine 24, 735-752

WAGNER, A. E., K. R. MAMA, E. P. STEFFEY u. P. W. HELLYER (2008):
A comparison of equine recovery characteristics after isoflurane or isoflurane followed by a xylazine-ketamine infusion.
Vet Anaesth Analg 35, 154-160

WAKUNO, A., M. AOKI, A. KUSHIRO, N. MAE, K. KODAIRA, T. MAEDA, Y. YAMAZAKI u. M. OHTA (2017):
Comparison of alfaxalone, ketamine and thiopental for anaesthetic induction and recovery in Thoroughbred horses premedicated with medetomidine and midazolam.
Equine Vet J 49, 94-98

WALKER, M. u. D. GEISER (1986):
Effects of acetylpromazine on the hemodynamics of the equine metatarsal artery, as determined by two-dimensional real-time and pulsed Doppler ultrasonography.
Am J Vet Res 47, 1075-1078

WHITE, N. A. u. M. SUAREZ (1986):
Change in triceps muscle intracompartmental pressure with repositioning and padding of the lowermost thoracic limb of the horse.
Am J Vet Res 47, 2257-2260

WHITEHAIR, K. J., E. P. STEFFEY, N. H. WILLITS u. M. J. WOLINER (1993):
Recovery of horses from inhalation anesthesia.
Am J Vet Res 54, 1693-1702

WILDERJANS, H. (2008):
The 1 man rope assisted recovery from anesthesia in horses.
In: 10th International Congress of World Equine Veterinary Association, Moskau, Russland, 2008,
Kongr.ber., S. 203-205

WOHLFENDER, F. D., M. G. DOHERR, B. DRIESSEN, S. HARTNACK, G. M. JOHNSTON u. R. BETTSCHART-WOLFENSBERGER (2015):
International online survey to assess current practice in equine anaesthesia.
Equine Vet J 47, 65-71

WOODHOUSE, K. J., R. J. BROSNAN, K. Q. NGUYEN, G. W. MONIZ u. L. D. GALUPPO (2013):
Effects of postanesthetic sedation with romifidine or xylazine on quality of recovery from isoflurane anesthesia in horses.
J Am Vet Med Assoc 242, 533-539

WYLIE, C. E., A. K. FOOTE, R. RASOTTO, I. J. CAMERON u. T. R. C. GREET (2015):
Tracheal necrosis as a fatal complication of endotracheal intubation.
Equine Vet Educ 27, 170-175

YOUNG, L. E., D. H. BARTRAM, M. J. DIAMOND, A. S. GREGG u. R. S. JONES (1993):
Clinical evaluation of an infusion of xylazine, guaifenesin and ketamine for maintenance of anaesthesia in horses.
Equine Vet J 25, 115-119

YOUNG, S. S. u. P. M. TAYLOR (1993):
Factors influencing the outcome of equine anaesthesia: a review of 1,314 cases.
Equine Vet J 25, 147-151

ZERT, Z., J. MEZEROVA, R. KABES u. S. KRISOVA (2007):
Sagittal fracture of the proximal phalanx in a horse complicated during induction of anesthesia by complete fragmentation of the bone: a case report.
Veterinární Medicína 52, 79-82

ZHANG, Y., E. I. EGER, 2ND, R. C. DUTTON u. J. M. SONNER (2000):
Inhaled anesthetics have hyperalgesic effects at 0.1 minimum alveolar anesthetic concentration.
Anesth Analg 91, 462-466

ZINK, M. C. (1985):
Postanesthetic poliomyelomalacia in a horse.
Canadian Vet J 26, 275-277

9 Anhang

Anhang 1a-d: Demographische Daten der OP 1-4. Gruppe A = mit Aufstehhilfe; Gruppe O = ohne Aufstehhilfe; P/K = Pony und Kleinpferd; SR = sonstige Rassen; T = Traber; WB = Warmblut, geschätztes Gewicht (in kg Körpergewicht); H = Hengst; S = Stute; W = Wallach; RL = Rückenlage, SL = Seitenlage; OP 1-4 = Operationsgruppen 1-4;

OP1 = Arthroskopien/Tendovaginoskopien/Fesselringband-Desmotomien;

OP2 = Kastrationen/Kryptorchidektomien/Samenstrangfistelektomien;

OP3 = Griffelbein-Amputationen und sonstige orthopädische Eingriffe;

OP4 = Operationen am Kopf (Vitrektomien etc.)

Anhang 1a: Demographische Daten der Operationsgruppe 1

Pat. Nr.	Gruppe	Rasse	Gewicht [kg]	Alter [J]	Geschlecht	Lagerung	Narkosedauer [Min]
1	O	WB	500	2	H	RL	130
2	O	WB	640	7	W	SL	70
3	O	WB	650	10	W	RL	80
4	O	WB	550	2	H	RL	87
5	O	SR	530	6	W	RL	43
6	O	WB	650	6	S	RL	60
7	O	WB	630	4	S	SL	41
8	O	T	550	5	W	SL	78
9	O	WB	500	2	H	RL	86
10	O	WB	680	5	W	SL	101
11	O	WB	580	2	H	RL	91
12	O	WB	400	6	W	RL	57
13	O	P/K	400	16	W	SL	104
14	O	WB	630	5	S	SL	95
15	A	WB	400	1	H	SL	128
16	A	WB	600	3	W	RL	84
17	A	WB	570	3	S	SL	57
18	A	WB	450	2	H	RL	99
19	O	WB	470	2	H	SL	47
20	A	WB	600	7	S	RL	92
21	O	WB	600	6	W	SL	90
22	O	WB	580	14	W	RL	43
23	O	SR	580	9	W	SL	53
24	A	WB	600	7	S	SL	98

25	A	WB	580	3	S	SL	103
26	A	WB	600	6	W	SL	42
27	A	P/K	250	11	W	RL	58
28	A	P/K	350	13	W	SL	96
29	A	T	400	6	W	SL	53
30	O	SR	500	11	W	SL	60
31	A	WB	700	13	S	SL	57
32	A	WB	750	8	W	RL	75
33	A	WB	600	9	W	SL	110
34	A	WB	600	9	S	RL	100
35	A	WB	580	3	W	SL	36
36	A	P/K	350	14	W	SL	59
37	A	WB	600	11	S	SL	95
38	A	SR	480	6	W	SL	69
39	O	WB	600	9	S	SL	103
40	A	WB	630	11	S	SL	82
41	A	WB	600	9	W	SL	86
42	A	WB	530	8	S	SL	54
43	A	T	500	2	H	RL	47
44	A	WB	650	7	W	RL	122
45	A	WB	580	6	W	SL	82
46	A	WB	650	7	W	RL	49
47	O	WB	620	5	W	SL	83
48	A	WB	550	4	W	RL	93
49	A	SR	300	1	S	SL	85
50	A	WB	500	3	H	RL	61
51	A	WB	600	10	W	RL	52
52	O	WB	550	5	W	SL	68
53	O	T	450	3	H	RL	99
54	A	WB	550	4	S	SL	98
55	O	WB	600	9	S	SL	47
56	A	P/K	400	8	S	SL	79
57	A	T	550	5	W	SL	83
58	O	P/K	350	9	S	SL	90
59	O	WB	600	10	S	SL	66
60	A	WB	600	9	S	SL	62
61	O	T	450	1	S	RL	91

62	O	T	400	1	H	RL	69
63	O	WB	650	9	W	SL	44
64	O	WB	580	13	W	SL	60
65	A	WB	600	7	W	RL	31
66	A	WB	680	6	S	SL	66
67	O	WB	560	3	S	SL	46
68	O	T	350	2	H	SL	38
69	O	T	550	2	S	SL	44
70	A	WB	580	8	W	RL	77
71	A	T	450	2	H	SL	66
72	O	WB	580	4	W	SL	114
73	A	WB	600	4	S	RL	50
74	A	WB	590	4	H	RL	119
75	A	T	450	2	H	RL	125
76	O	P/K	450	10	H	SL	93
77	A	WB	600	5	S	RL	43
78	O	WB	600	3	S	SL	133
79	A	WB	500	8	W	SL	80
80	A	SR	590	12	W	SL	73
81	O	T	590	9	W	RL	52
82	O	P/K	400	12	W	SL	67
83	A	WB	590	5	S	SL	57
84	A	WB	600	2	S	RL	89
85	O	WB	580	16	W	RL	60
86	O	WB	580	9	W	SL	81
87	O	WB	600	8	W	SL	37
88	O	T	400	3	S	SL	29
89	O	P/K	480	4	S	SL	54
90	A	WB	600	6	S	SL	146
91	O	WB	600	2	W	RL	49
92	O	T	400	2	W	RL	126
93	A	WB	600	7	S	RL	79
94	O	P/K	400	15	S	SL	125
95	O	WB	580	6	S	SL	90
96	A	P/K	490	19	W	SL	138
97	O	WB	670	6	W	SL	58
98	O	WB	430	1	S	RL	75

99	O	WB	630	6	S	SL	76
100	O	WB	480	1	H	RL	59
101	A	WB	580	5	S	SL	54
102	A	WB	500	4	S	SL	92
103	A	WB	520	2	S	SL	73
104	A	P/K	500	15	W	SL	142
105	A	WB	520	7	S	RL	35
106	A	P/K	350	18	W	SL	93
107	A	WB	550	5	S	RL	109
108	O	P/K	380	7	S	SL	66
109	A	SR	630	10	S	RL	54
110	A	WB	500	3	S	SL	77
111	A	WB	620	8	W	RL	80
112	O	WB	630	2	S	SL	74
113	O	WB	550	6	W	SL	117
114	O	P/K	380	16	H	RL	102
115	A	T	400	2	W	RL	113
116	A	WB	620	4	W	SL	102
117	O	WB	380	13	H	RL	42
118	O	WB	400	1	H	RL	108
119	A	WB	620	8	W	SL	88
120	A	WB	630	4	S	SL	75
121	O	WB	460	2	H	SL	65
122	O	WB	420	2	H	SL	70
123	O	WB	530	5	S	RL	87
124	O	WB	430	2	H	SL	100
125	O	WB	420	2	H	SL	122
126	A	WB	630	16	W	RL	91
127	A	WB	530	8	S	SL	54
128	O	WB	460	2	H	SL	79
129	A	P/K	350	2	H	RL	53
130	O	P/K	350	18	S	SL	87
131	O	T	400	1	S	RL	86
132	A	WB	550	4	H	RL	83
133	O	WB	400	2	H	SL	45
134	O	T	350	1	H	RL	84
135	O	S/R	530	9	S	RL	51

136	O	WB	650	13	S	RL	52
137	A	WB	520	4	W	SL	88
138	O	T	350	1	S	RL	54
139	O	T	350	1	S	RL	68
140	O	P/K	450	1	W	SL	98
141	O	WB	620	7	W	RL	62
142	O	WB	500	2	H	SL	49
143	O	P/K	370	14	S	SL	79
144	O	WB	630	4	H	SL	48
145	A	WB	600	12	H	SL	29
146	O	WB	530	3	S	RL	65
147	A	WB	490	2	S	SL	96
148	A	WB	480	2	H	RL	96
149	O	WB	600	3	H	RL	125
150	A	WB	490	2	H	SL	95
151	A	WB	400	2	W	RL	64
152	O	T	300	1	H	RL	35
153	O	T	400	1	H	RL	100
154	O	T	350	1	H	RL	107
155	A	SR	500	3	H	RL	48
156	A	WB	530	6	S	SL	75
157	A	S/R	380	1	H	SL	85
158	A	WB	480	2	H	SL	67
159	O	WB	520	3	H	SL	55
160	O	WB	630	4	S	RL	79
161	O	T	530	6	H	SL	80
162	A	WB	620	11	S	SL	46
163	A	WB	550	9	H	SL	48
164	A	P/K	440	15	S	SL	90
165	A	WB	530	8	S	SL	64
166	O	WB	580	4	S	SL	49
167	O	WB	620	9	W	SL	65
168	A	P/K	350	8	H	SL	53
169	A	WB	520	2	W	RL	64
170	O	SR	360	1	H	RL	60
171	O	SR	380	1	H	SL	60
172	A	WB	420	2	H	RL	64

173	A	WB	530	5	S	SL	53
174	A	T	400	2	H	RL	99
175	A	T	380	2	H	SL	61
176	O	WB	560	2	H	RL	112
177	O	T	420	2	H	SL	87
178	O	T	410	2	H	SL	32
179	A	T	450	2	H	RL	67
180	A	T	400	2	H	RL	69
181	A	WB	620	8	S	SL	69
182	A	WB	470	3	H	SL	46
183	A	WB	600	8	S	SL	78
184	A	T	360	1	S	SL	31
185	O	WB	550	2	H	SL	119
186	O	WB	570	4	S	RL	121
187	O	WB	520	2	H	RL	119
188	O	SR	550	13	S	SL	45
189	A	SR	520	15	W	SL	121
190	A	WB	500	12	S	RL	65

Anhang 1b: Demographische Daten der Operationsgruppe 2

Pat. Nr.	Gruppe	Rasse	Gewicht [kg]	Alter [J]	Geschlecht	Narkosedauer [Min]
1	O	WB	520	21	H	25
2	O	WB	600	3	H	47
3	O	WB	600	3	H	30
4	O	WB	500	2	W	82
5	O	WB	500	2	W	84
6	O	T	480	3	H	28
7	O	WB	480	2	H	23
8	O	WB	350	1	H	77
9	A	WB	640	9	H	50
10	A	T	400	2	H	32
11	O	WB	600	3	W	47
12	A	SR	500	9	H	26
13	A	WB	580	10	H	33
14	A	SR	580	3	W	49
15	A	P/K	350	3	H	22
16	O	P/K	400	4	W	49
17	O	T	550	3	H	21
18	A	WB	500	2	H	28
19	A	P/K	380	7	H	24
20	A	P/K	350	6	W	57
21	A	WB	540	2	H	37
22	A	WB	580	2	H	29
23	O	SR	200	1	H	20
24	O	WB	590	3	H	26
25	A	T	500	2	H	22
26	O	WB	400	1	H	86
27	O	WB	400	1	W	42
28	A	WB	450	3	H	18
29	A	WB	500	4	H	15
30	O	WB	490	5	H	23
31	A	WB	400	2	H	32
32	A	WB	480	3	W	35
33	O	WB	530	12	H	27
34	A	WB	560	3	H	50
35	A	SR	400	10	H	24

36	A	WB	390	2	H	33
37	O	WB	600	7	H	27
38	A	WB	580	3	H	36
39	O	T	400	2	H	31
40	O	WB	620	4	H	46
41	O	SR	430	8	W	73
42	O	WB	500	4	H	25
43	A	P/K	350	4	H	34
44	A	P/K	390	4	H	145

Anhang 1c: Demographische Daten der Operationsgruppe 3

Pat. Nr.	Gruppe	Rasse	Gewicht [kg]	Alter [J]	Geschlecht	Lagerung	Narkose-dauer [Min]
1	O	WB	550	11	S	SL	69
2	O	WB	620	6	W	SL	67
3	O	WB	580	5	W	SL	52
4	O	WB	600	13	S	SL	37
5	O	P/K	350	16	W	SL	71
6	O	SR	580	7	W	SL	75
7	A	P/K	300	5	S	SL	95
8	O	P/K	550	13	S	SL	78
9	A	SR	500	12	S	SL	68
10	A	WB	600	6	W	SL	80
11	A	P/K	480	20	S	SL	58
12	A	T	450	6	W	SL	47
13	O	WB	580	5	W	SL	80
14	A	WB	600	12	S	SL	83
15	A	P/K	350	18	S	SL	54
16	A	WB	580	5	S	SL	61
17	A	P/K	400	13	W	SL	61
18	O	WB	630	13	S	SL	85
19	O	WB	600	12	S	SL	96
20	O	WB	550	10	W	SL	93
21	A	SR	400	14	S	SL	65
22	A	SR	350	2	H	SL	101
23	O	SR	530	11	S	SL	99
24	O	SR	630	14	H	SL	71
25	A	WB	630	3	S	SL	53
26	A	P/K	380	11	S	SL	55
27	O	P/K	350	18	W	SL	42
28	A	WB	580	9	S	SL	75
29	A	WB	620	9	S	SL	70
30	A	P/K	450	13	S	SL	54
31	A	WB	590	4	S	SL	78
32	O	WB	600	13	S	SL	113
33	O	WB	480	15	S	SL	48
34	A	P/K	350	14	S	SL	63

35	O	WB	580	12	W	SL	113
36	O	P/K	380	11	S	SL	39
37	O	P/K	380	9	W	SL	30
38	O	T	520	8	W	SL	60
39	O	P/K	430	18	S	SL	72
40	A	WB	530	6	S	SL	112
41	O	P/K	350	20	W	SL	45
42	A	WB	600	18	W	SL	58
43	A	WB	620	11	S	SL	74
44	A	WB	680	6	S	SL	92
45	O	WB	530	5	S	SL	56
46	A	P/K	480	17	S	SL	72
47	O	SR	400	5	W	RL	121

Anhang 1d: Demographische Daten der Operationsgruppe 4

Pat. Nr.	Gruppe	Rasse	Gewicht [kg]	Alter [J]	Geschlecht	Lagerung	Narkose-dauer [Min]
1	A	WB	600	9	W	RL	30
2	A	WB	600	7	W	SL	70
3	O	WB	600	17	W	SL	97
4	A	WB	600	16	W	SL	70
5	O	WB	580	3	W	SL	78
6	O	WB	580	16	S	SL	72
7	O	WB	620	7	W	SL	66
8	O	P/K	500	16	W	SL	85
9	A	WB	350	1	H	RL	84
10	A	T	480	5	W	SL	70
11	O	WB	600	8	S	SL	85
12	O	T	400	2	S	SL	98
13	A	T	420	4	W	SL	81
14	A	WB	480	2	S	RL	58
15	A	WB	600	3	H	SL	80
16	A	WB	590	6	W	SL	46
17	A	WB	640	14	S	SL	114
18	O	WB	600	6	H	SL	82
19	O	WB	530	7	S	SL	95
20	A	WB	600	6	H	SL	80
21	O	WB	490	4	W	SL	77
22	A	WB	680	6	S	SL	94
23	O	WB	680	13	W	SL	71
24	A	WB	580	6	W	SL	77

Anhang 2: Scoringsystem des Verhaltens nach VALVERDE et al. (2013)

Punktzahl	Beschreibung
1	ruhig, Einbringen des Katheters und Saubermachen der Hufe ohne Sedation möglich, Ausspülen des Mauls ohne Probleme möglich, Führen des Pferdes in den Ablegestand ohne Widerstand
2	Nervös, Einbringen des Katheters und Saubermachen der Hufe unter Sedation, Ausspülen des Mauls nur unter Sedation, Führen des Pferdes in den Ablegestand mit Widerstand, aber möglich
3	Gefährlich und nervös, Sedation für alle Handlungen, Führen des Pferdes unter Zwang in den Ablegestand und unter Gebrauch körperlicher Einschränkung

Danksagung

Mein erster Dank gilt Frau Prof. Dr. Sabine Kästner und Herrn Dr. Klaus Hopster für die großartige Unterstützung und für die Betreuung einer externen Dissertation.

Danken möchte ich auch Herrn Dr. Volker Sill für die Bereitstellung des Patientenguts und für die Begeisterung an dem Projekt. Des Weiteren möchte ich mich bei dem Op-Team der Pferdeklinik Bargteheide für die intensive Versuchszeit bedanken.

Besonders bedanken möchte ich mich bei Herrn Dr. Karl Rohn aus dem Institut für Statistik und Biometrie für seinen unermüdlichen Ehrgeiz für jedes statistische Problem eine Lösung zu finden und seine unglaubliche Geduld jede statistische Frage zu beantworten.

Für das ausführliche Korrekturlesen möchte ich mich besonders bei Steffen, Heidi und Juliane bedanken.

Ein großer Dank geht an alle Freunde und Kollegen der Pferdeklinik Bargteheide und der Klinik für Pferde Hannover, besonders an die Königin, für die unvergessliche Zeit.

Ein besonderer Dank gilt Lara, die sowohl als Freundin als auch als Kollegin immer mit Rat und Tat zur Seite stand und durch die die Zeit ganz besonders geworden ist. Genauso möchte ich mich bei Bärbel, Miri, Amelie und Isi bedanken, die mit mir durch so manche Höhen und Tiefen gegangen sind. Danke für Eure unglaubliche Freundschaft, Ihr seid klasse!

Der größte Dank gilt meinen Eltern und meinem Bruder Steffen. Danke, dass Ihr mich auch in schwierigen Phasen nie alleine gelassen habt, immer an mich geglaubt und mich immer unterstützt habt.

DANKE